動的システム論

名古屋大学教授　工学博士
鈴木　正之
名古屋大学教授　工学博士
早川　義一
名古屋大学教授　工学博士
安田　仁彦
名古屋大学教授　工学博士
細江　繁幸
共著

メカトロニクス教科書シリーズ ⑭

コロナ社

メカトロニクス教科書シリーズ編集委員会

委員長 　安田仁彦（名古屋大学教授　工学博士）

　　　　　末松良一（名古屋大学教授　工学博士）

　　　　　妹尾允史（三 重 大 学 教 授　工学博士）

　　　　　髙木章二（豊橋技術科学大学教授　工学博士）

　　　　　藤本英雄（名古屋工業大学教授　工学博士）

　　　　　武藤高義（岐 阜 大 学 教 授　工学博士）

(50音順)

刊行のことば

　マイクロエレクトロニクスの出現によって，機械技術に電子技術の融合が可能となり，航空機，自動車，産業用ロボット，工作機械，ミシン，カメラなど多くの機械が知能化，システム化，統合化され，いわゆるメカトロニクス製品へと変貌している。メカトロニクス（Mechatronics）とは，このようなメカトロニクス製品の設計・製造の基礎をなす，新しい工学をいう。

　このシリーズは，メカトロニクスを体系的かつ平易に解説することを目的として企画された。

　メカトロニクスは発展途上の工学であるため，その学問体系をどう考えるか，メカトロニクスを学ぶためのカリキュラムはどうあるべきかについては必ずしも確立していない。本シリーズの企画にあたって，これらの問題について，メカトロニクスの各分野を専門とする編集委員の間で，長い間議論を重ねた。筆者の所属する名古屋大学の電子機械工学科において，現在のカリキュラムに落ちつくまで筆者自身も加わって進めてきた議論を，ここで別のメンバーの間で再現されるのを見るのは興味深かった。本シリーズは，ここで得られた結論に基づいて，しかも巻数が多くならないよう，各巻のテーマ・内容を厳選して構成された。

　本シリーズによって，メカトロニクスの基本技術からメカトロニクス製品の実際問題まで，メカトロニクスの主要な部分はカバーされているものと確信している。なおメカトロニクスのベースになる機械工学の部分は，必要に応じて機械系大学講義シリーズ（コロナ社刊）などで補っていただければ，メカトロニクスエンジニアとして必要事項がすべて網羅されると思う。

　メカトロニクスを基礎から学びたい電子機械・精密機械・機械関係の学生・技術者に，このシリーズをご愛読いただきたい。またメカトロニクスの教育に

たずさわる人にも，このシリーズが参考になれば幸いである。

　急速に発展をつづけているメカトロニクスの将来に対応して，このシリーズも発展させていきたいと考えている．各巻に関するご意見のほか，シリーズの構成に関してもご意見をお寄せいただくことをお願いしたい．

1992年7月

編集委員長　安　田　仁　彦

まえがき

　本書は，動的システム理論の基礎を例題を多く取り入れながら，できるだけ平易に解説することを試みたものである。

　動的システム論は，世の中のさまざまな現象を「時間に対する振舞い」という共通の視点でとらえようという学問領域である。近年，専門分野の分化が急速に進みつつあり，専門が異なる分野の体系を理解することがますます困難になりつつある。そのため，異なる専門分野を貫く概念として，動的システム論を学ぶことは学生諸君にとってはもとより，エンジニアや研究者の視野を広げるという点においても大いに意味のあることと思われる。

　本書は8章からなっている。1章では，動的システムの基本的な概念とシステムの分類について述べる。2章では，動的システムの表現の仕方と動的システムの基本構造について述べる。3章では，実際にシステムを表現する方法，すなわちモデリングについて具体的に説明する。4章では，動的システムの基本的な性質である安定性について述べ，5章では，動的システムの特殊な表現についてふれる。6章では，非線形動的システムの特徴的な現象として，各種共振現象や自励振動，カオス振動などについて述べる。7章では，動的システムのグラフ表現として，ブロック線図とシグナルフロー線図について説明する。8章では，システムの要素間のエネルギーの流れに注目したグラフ表現である，ボンドグラフについて述べる。

　各章の執筆者はつぎのようになっている。
　　1．序論　　鈴木
　　2．動的システムの表現と基本構造　　早川
　　3．システムのモデリング　　早川

まえがき

    4．システムの安定性　　鈴木
    5．特殊な動的システム　　鈴木
    6．非線形動的システムの挙動　　安田
    7．システムのグラフ表現　　細江
    8．ボンドグラフ　　細江

本書が，さまざまな専門分野を貫く概念としての「動的システム論」を学ぼうとする読者にとって，一助となることができれば，著者らにとって望外の喜びである。

2000年8月

著者代表　鈴　木　正　之

目 次

1 序 論

1.1 システムの概念 ……………………………………………………… 1
1.2 システムの分解と結合 ……………………………………………… 3
1.3 静的システムと動的システム ……………………………………… 4
1.4 線形性，非線形性，因果性 ………………………………………… 6
1.5 システムのモデリング ……………………………………………… 8
演 習 問 題 ……………………………………………………………… 8

2 動的システムの表現と基本構造

2.1 信号とノルム ………………………………………………………… 9
2.2 動的システムの表現—入出力表現 ………………………………… 12
2.3 因果的な動的システムの表現—状態方程式 ……………………… 19
2.4 線形システムの入出力表現と状態表現 …………………………… 24
2.5 線形時不変システムの表現 ………………………………………… 26
   2.5.1 状態方程式とインパルス応答行列 ………………………… 27
   2.5.2 ラプラス変換と伝達関数 …………………………………… 27
2.6 線形時不変システムの基本構造と実現問題 ……………………… 29
   2.6.1 基本構造 ……………………………………………………… 29
   2.6.2 最小実現 ……………………………………………………… 34
演 習 問 題 ……………………………………………………………… 37

3 システムのモデリング

- 3.1 諸物理システムの構成要素 …………………………………… 39
  - 3.1.1 電　気　系 ………………………………………………… 39
  - 3.1.2 機械系（並進運動） ……………………………………… 42
  - 3.1.3 機械系（回転運動） ……………………………………… 45
  - 3.1.4 流　体　系 ………………………………………………… 47
  - 3.1.5 熱　　　系 ………………………………………………… 49
- 3.2 物理システムのアナロジー ………………………………………… 51
- 3.3 等価電気回路と状態方程式 ………………………………………… 56
- 演 習 問 題 ………………………………………………………………… 59

4 システムの安定性

- 4.1 リアプノフ安定 ……………………………………………………… 62
  - 4.1.1 安定性の定義と正定関数 ………………………………… 62
  - 4.1.2 リアプノフの安定定理 …………………………………… 66
  - 4.1.3 大域的な安定性 …………………………………………… 70
- 4.2 線形システムの安定性と線形化 …………………………………… 74
  - 4.2.1 線形システムの安定性 …………………………………… 74
  - 4.2.2 線形近似と安定性 ………………………………………… 77
- 4.3 入 出 力 安 定 ……………………………………………………… 80
  - 4.3.1 スモールゲイン定理 ……………………………………… 83
  - 4.3.2 受 動 定 理 ………………………………………………… 85
- 演 習 問 題 ………………………………………………………………… 88

5 特殊な動的システム

- 5.1 ディスクリプタシステム …………………………………………… 91

5.1.1　ディスクリプタシステムの例 …………………… *91*
5.1.2　ディスクリプタシステムの解 …………………… *93*
5.2　特異摂動システム ………………………………………… *97*
5.3　特異摂動システムの安定性 …………………………… *103*
演　習　問　題 …………………………………………………… *105*

6　非線形動的システムの挙動

6.1　非線形動的システムのモデル化と挙動 …………… *107*
6.2　非線形要素の例 ………………………………………… *109*
6.3　自　由　振　動 ………………………………………… *111*
6.4　強制振動―調和共振 …………………………………… *116*
6.5　強制振動―分数調波共振 ……………………………… *122*
6.6　強制振動―結合共振 …………………………………… *126*
6.7　自　励　振　動 ………………………………………… *132*
6.8　係数励振振動 …………………………………………… *136*
6.9　カ　オ　ス　振　動 …………………………………… *141*
演　習　問　題 …………………………………………………… *146*

7　システムのグラフ表現

7.1　ブロック線図 …………………………………………… *147*
7.2　シグナルフロー線図 …………………………………… *152*
7.3　シグナルフロー線図とMasonの定理 ……………… *155*
演　習　問　題 …………………………………………………… *160*

8 ボンドグラフ

8.1 ボンドグラフの例と構成要素 …………………………………… *162*
   8.1.1 ボンド ………………………………………………………… *163*
   8.1.2 エフォートとフロー ………………………………………… *164*
   8.1.3 エフォート源とフロー源 …………………………………… *165*
   8.1.4 0接点と1接点 ……………………………………………… *166*
   8.1.5 トランスフォーマとジャイレータ ………………………… *168*
   8.1.6 ストローク …………………………………………………… *168*
8.2 簡 単 な 例 …………………………………………………………… *172*
8.3 ボンドグラフから状態方程式へ ………………………………… *174*
   8.3.1 状態変数の選択 ……………………………………………… *174*
   8.3.2 ストローク（因果性）の割り当て ………………………… *176*
演 習 問 題 ………………………………………………………………… *179*

引用・参考文献 ………………………………………………………… *180*
演習問題の解答 ………………………………………………………… *182*
索　　　引 ……………………………………………………………… *193*

1

MECHATRONICSMECHATRONICS

序論

この章ではシステムの概念について述べ，動的システムと静的システムの違い，動的システムの特性である線形性や非線形性，因果律などについて説明する。

1.1 システムの概念

システム (system) という言葉は，さまざまな分野で日常的に用いられている。例えば，計算機システム，機械システム，生体システム，経営システムなどといった専門的な学術用語から家庭内の給湯システムとかオーディオシステムなどといったものに対して広く用いられている。これらの用語は計算機や生体や経済，あるいはオーディオといったまったく異なる分野の現象の間に，なにかシステムという言葉で表される共通の概念が存在していることを示していると考えられる。

そこで身近な例として，オーディオシステムを例にとってこのシステムという言葉がどのような概念を表しているのかを考えてみよう。

オーディオ装置で音楽を聴くことを想定しよう。これらの装置は外界と孤立して存在しているわけではなく，増幅器は外部から雑音を拾い，また増幅器自体も雑音を発生している。さらに増幅器は家庭用電源を通じて送電線とつながっており，送電系統がオーディオの音質に影響を及ぼすこともあり得る。しか

し多くの場合はそこまで考慮する必要がなく，オーディオ装置は外界と独立しており，オーディオ装置に外部から入ってくる信号は入力端子を通じた音楽信号であり，オーディオ装置から外部にでてくる信号はスピーカからの音響出力だけと考えることができる。

このようにオーディオ装置をその機能に注目し，いったん，外界から独立した装置と考え，外界との相互作用を入力と出力というものに代表させて考えることにより，図1.1によって表されるシステムの概念図を得る。

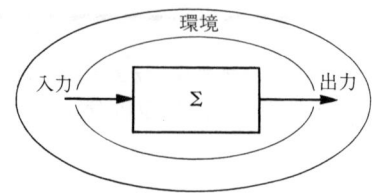

図1.1　システム

すなわちシステムとは，まず，われわれを取り巻いている環境の中の特定の物や現象に焦点をあて，その部分だけを外界から切りはなして図1.1のような一つのまとまりと考える。そしてそのまとまりの内部の機能 Σ を考え，それが環境と行う相互作用のうち，環境が Σ に及ぼす影響を入力といい，Σ が環境に及ぼす影響を出力とみなす考え方である。

このようにシステムという概念を定義することによって，機械システム，生体システム，計算機システム，経営システムなどの異なる分野の現象から共通な性質を取り出し，それをシステムという共通の枠組みでとらえることが可能となるのである。

計算機システムや経営システムといったものにはその特殊性に基づいた独自の問題があり，それぞれの専門分野で追求されている。しかし，一方ではそれらの異なる分野をつらぬく共通の性質がシステムとしての振舞いであり，その性質を普遍化しようというのがシステム論である。

このような考え方をすることによってそれぞれの現象を支配している基本的な原理，例えば因果性や線形性といったものをよりよく理解できると同時に，

特定の分野を理解しようとする際に共通の枠組みを理解しているということは思考の無駄をはぶくという意味でも重要なことである。

1.2 システムの分解と結合

　一つのシステムが定義されるとそのシステムをより小さな部分システム，すなわち**サブシステム**（subsystem）とよばれるものに分解することができる。例えば，先の例でスピーカの機能だけに注目すれば，それは増幅器の出力信号を入力とし，音響エネルギーを出力とするそれ自身一つのシステムと考えることができ，オーディオシステムのサブシステムとみなすことができる。

　大きなシステムを小さなサブシステムに分解していったとき，これ以上分解できなくなったサブシステムのことをシステムの要素†という。要素はシステムを構成している最小の単位と考えられる。どの段階のサブシステムを最終的な要素とみなすかは，システムをとらえる立場によって異なる場合がある。オーディオシステムのユーザーの立場からはスピーカをシステムの要素と考えることが多いが，スピーカの設計者はさらに細かく分解し，振動板とか磁気回路などをスピーカの要素と考えるであろう。

　いずれにしろ，大きなシステムをより小さなサブシステムに分解し，全体の機能を比較的単純な機能の組合わせで考えることができるという点がシステムの一つの特長である。

　いままでに述べたサブシステムへの分解を逆に考えれば，サブシステムを結合したものがもとのシステムであると考えることができる。このことはシステムを結合し，より大きなシステムを構成できることを示している。システムの結合の仕方としては，**図1.2**のような3種類の結合を考えることができ，それぞれ，直列結合，並列結合，フィードバック結合と名づけられている。この中の例えば，直列結合はシステム Σ の出力をシステム Σ の入力と考える場合で

---

† 電子回路などでは素子という言葉を用いる。

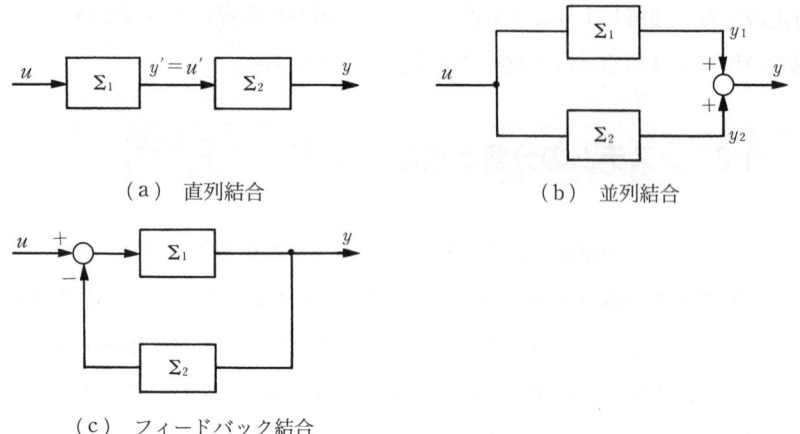

(a) 直列結合　　(b) 並列結合　　(c) フィードバック結合

図 **1.2** システムの結合

ある。

システムの解析においては，システムをサブシステムに分解することによってシステムの構造を細かく分析することが可能となる。また，システムの設計においてはシステムを結合することによって構成されたシステムが望ましい特性をもつようにすることが可能となるのである。

1.3　静的システムと動的システム

電気抵抗 R に流し込む電流を入力 $u(t)$ とし，このとき R の両端に生ずる電圧を出力 $y(t)$ とすると，オームの法則が成り立つ場合には

$$y(t) = Ru(t) \tag{1.1}$$

と書くことができ，現在時刻の電圧は現在時刻の電流 $u(t)$ によって決定され，過去の電流がどうであったかには依存しない。このように出力が現在時刻の入力の値だけによって決定される場合の入力と出力の関係を**静特性**(statics) という。

つぎに，出力が入力の現在の値だけからは決まらない場合を考えてみよう。

質点の運動は t 時刻の運動量を $p(t)$，質点に働く力を $f(t)$ とすれば，つぎ

の運動方程式に従う。

$$\frac{dp(t)}{dt} = f(t) \tag{1.2}$$

$p(t)$ の初期値を $p(t_0)$ とし，$p(t)$ についてとくと

$$p(t) = p(t_0) + \int_{t_0}^{t} f(\tau) d\tau \tag{1.3}$$

となる。ここで外力 $f(t)$ を入力，運動量 $p(t)$ を出力と考えることにすれば，$p(t)$ は初期値 $p(t_0)$ に依存し，さらに入力 $f(t)$ の過去の値 $f(\tau)$，$(t_0 \leq \tau \leq t)$ にも依存している。

このように出力が入力の現在値だけではなく，過去の値にも依存する場合の入力と出力の関係を**動特性**（dynamics）という。

静特性をもつ要素だけから成っているシステムを静的システムといい，システムの現在の出力値は入力の現在値だけによって決定される。動特性をもつ要素を一つでも含むシステムの出力の現在値は入力の現在値だけからは決まらず，このようなシステムを動的システムとよぶ。

厳密に考えれば，純粋に静的なシステムは自然界には存在しないと考えられる。例えば，直流増幅器の入出力関係は，入力の現在の電圧に出力の現在の電圧が対応するのであるが，このような直流増幅器でも入力を非常に速く変化させる場合，または高周波入力に対しては，浮遊容量などの影響を考慮に入れる必要がおこり，動的システムとしての取り扱いが必要となる。しかしながら，入力が高周波成分を含まない場合には直流増幅器をわざわざ動的システムととらえる必要はなく，静的システムとして扱えば十分である。また，逆に本来動特性をもっている現象でも入力 $u(t)$ をゆっくり変化させる場合には静特性とみなすことができる例もある。例えば**図1.3**に示すような二つの水槽がパイプで接続されている場合にAの水位を入力 $u(t)$ とし，Bの水位を出力 $y(t)$ と考えると，過去から現在まで入力 $u(t)$ が一定の場合には出力 $y(t)$ は $u(t)$ に等しくなるが，直前に注水がなされている場合には $y(t) = u(t)$ とはならない。したがってこのような入出力関係は動的であるが，もし水位 $u(t)$ を非常

6　1. 序　　　論

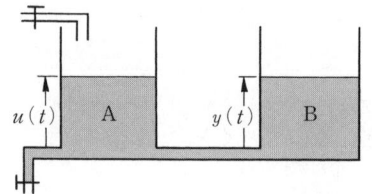

図1.3　水位調節

にゆっくり変化させる場合にはA，Bの水位はつねに等しく$y(t) = u(t)$の関係が成り立ち，静的なシステムと考えられる。

このように考えると，システムが静的であるとか動的であるとかは，システムの動作状態に応じて，対象をどのようにとらえるかというとらえ方の問題になる。

1.4　線形性，非線形性，因果性

図1.4のばね，質量，ダンパからなる力学系を考え，質量と床のあいだの摩擦を無視すれば運動方程式は次式で与えられる。

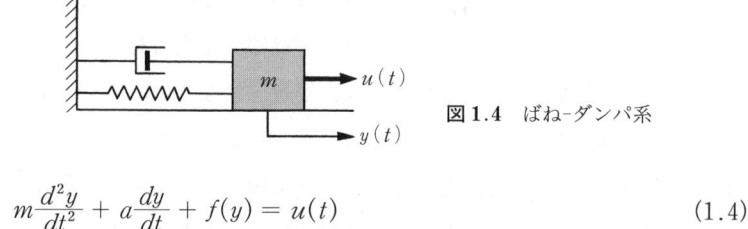

図1.4　ばね-ダンパ系

$$m\frac{d^2y}{dt^2} + a\frac{dy}{dt} + f(y) = u(t) \tag{1.4}$$

ここで，yは$u = 0$のときの質量の釣合いの位置からの変位，mは質量，aはダンパの定数，$f(y)$は変位がyのときのばねの復元力を表す非線形の関数で$f(0) = 0$とする。$u(t)$は質量に加えられる力である。この力学システムでuを入力，yを出力と考えると，システムの振舞いが非線形の微分方程式で記述される動的システムであり，**非線形動的システム**（nonlinear dynamical system）の一つの例となっている。

式(1.4)の非線形動的システムでも初期変位が十分小さく，入力uも小さい

場合には，任意の時刻における変位 $y(t)$ は十分小さいと考えられるので $f(y)$ をテーラー展開し，2次以上の項を無視することにより

$$f(y) \fallingdotseq f(0) + f'(0)y$$

となる．$f(0) = 0$ を考慮し，$f'(0)$ を定数 k とおくことにより運動方程式は

$$m\frac{d^2y}{dt^2} + a\frac{dy}{dt} + ky = u(t) \tag{1.5}$$

という線形微分方程式によって表されることになり，この場合のシステムは**線形動的システム** (linear dynamical system) であるといわれる．動的システムのすべてが微分方程式で表現できるわけではないが，自然界の多くのシステムが微分方程式で表現されることも事実である．

　システムの線形性や非線形性の一般的な定義は2章で述べるが，今の例からも推測されるように，システムが線形か非線形かということは実在のシステムの固有の性質というよりはシステムの動作状態に依存して決まる性質である．

　実際，式(1.1)のオームの法則でも大電流を流し込んだ場合には，抵抗器の温度上昇により抵抗値が電流に依存するようになり，非線形性を示すが，入力の電流が小さな場合，式(1.1)がほぼ正確に成り立つ．

　厳密にいえば，ほとんどのシステムは非線形性をもつと考えられるが，式(1.4)のシステムのように平衡状態からの変位を問題にしており，その変位がつねに十分小さいという動作状態だけを考える場合には非線形システムを線形近似した線形システムを考えるだけで十分であるという場合も多い．

　さて，つぎにシステムの因果性について述べる．因果性もその厳密な定義は2章で与えられるので，ここではその概念だけを述べる．

　式(1.1)のシステムでは $u(t)$ が入力でその入力を入れた結果として出力 $y(t)$ が生ずる．また式(1.3)のシステムでは，$p(0)$ がわかっているとすれば 0 から t 時刻までの入力によって現在の $p(t)$ の値が決まる．いずれにしろ，現在の出力は過去の入力と初期条件によって決まり，未来の入力には影響を受けない．このことは入力が原因で出力はその結果であるという時間的な順序を表しており，原因に先だって結果が表れることがないということを表している．

このような性質をシステムの因果性という。

1.5 システムのモデリング

動的システムの振舞いを解析したり，望ましい性質を有するシステムを設計したりする場合，システムが数式で表現されている必要がある。数式で表現されたシステムを数式モデルまたは単にシステムの**モデル**（model）といい，実際のシステムからモデルを作り出すことを**モデリング**（modeling）という。

3章でモデリングの実例を示すが，モデルは対象としているシステムの特性を正確に反映しており，モデルを用いて実際のシステムの動きを完全に把握できるものでなければならない。しかし，1.3節および1.4節で述べたようにシステムの動作範囲を限定した場合にはその範囲で（例えば，線形動作の範囲で）実システムとモデルが適合していれば十分であると考えられるので，このようなモデルを適合モデルとよぶ。

モデルは，一般的にいって実システムを正確に記述しているものほど良いモデルと考えられるが，一方，モデルに基づいて解析や設計を行う場合にはモデルはできるだけ簡単なものであってほしいという要求がある。そこで最初の段階ではできるだけ正確にモデリングを行って，得られたモデルを実際に動作させる条件に合わせて簡単化し，適合モデルを求め，これに基づいて解析や設計を行うことも多い。

≫≫≫≫≫≫≫≫≫≫≫≫ 演 習 問 題 ≫≫≫≫≫≫≫≫≫≫≫≫

【1】 身近なシステムで，動的システムと静的システムの例を考えよ。

【2】 入力が小さなときに線形システムと考えられているシステムでも，入力を大きくすると非線形の性質を示す。このことを例をあげて説明せよ。

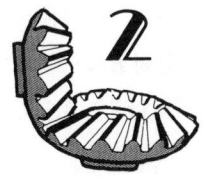

MECHATRONICSMECHATRONICS

動的システムの表現と基本構造

~~~~~~

　ある対象物と環境が相互作用しながらある現象を発現している状況をシステムとしてとらえるとき，環境から対象物への作用を入力信号，対象物から環境への作用を出力信号と考える．システムの表現とは，この入力信号と出力信号の関係を数学的モデルで明確に記述することである．本章では，動的システムの表現がどのようになされるかを学ぶ．

　最初に，信号とその大きさの尺度であるノルムについて述べる．動的システムの表現としては，入出力表現と状態方程式表現の2種類について述べる．動的システムの基本的かつ，有用なクラスである線形時不変システムについては，その入出力表現と状態方程式表現との関係を詳細に述べる．

2.1　信号とノルム

　工学の分野で扱う動的システムは，多くの場合，物理システムであり，したがって，入力信号や出力信号は，変位，速度，力，電圧，電流，圧力，温度，濃度といった物理量である．しかも，動的システム論では，これらの物理量の時間的変化を議論することになる．信号を数学的に表現すると，以下のようになる．

　$\mathcal{T}$を時間の集合，$\mathcal{V}$を信号の値の集合とすれば，信号fは時刻$t \in \mathcal{T}$に対して値$f(t) \in \mathcal{V}$を与える関数

$$f : \mathcal{T} \to \mathcal{V} ; t \mapsto f(t)$$

である[†]．本書では，時間の集合$\mathcal{T}$として，実数R，非負の実数$R_+ =$

$[0, \infty)$, あるいは実数 t_0 以上の実数の集合 $[t_0, \infty)$ などを考える[††]。信号値の集合 $\mathcal{V}$ は実数 R あるいは複素数 C の有限 (n) 次元ベクトル空間 R^n, C^n とし, $\mathcal{V}$ における通常の内積は $<\cdot\,,\,\cdot>$, ユークリッドノルムは $\|\cdot\|$ と記すことにする.

時間の集合 $\mathcal{T}$, 信号値の集合 $\mathcal{V}$ のすべての信号の集合

$$\mathcal{F}(\mathcal{T},\ \mathcal{V}) = \{f\,|\,f:\mathcal{T} \to \mathcal{V}\} \tag{2.1}$$

には, 次式のように和とスカラ積が定義でき, この演算の下にベクトル空間[†††]となるので, $\mathcal{F}(\mathcal{T},\ \mathcal{V})$ は**信号空間** (signal space) とよばれる.

$$(f+g)(t) = f(t)+g(t),\ \forall f,\ g \in \mathcal{F}(\mathcal{T},\ \mathcal{V});\ \forall t \in \mathcal{T}$$
$$(af)(t) = af(t),\ \forall f \in \mathcal{F}(\mathcal{T},\ \mathcal{V});\ \forall t \in \mathcal{T};\ \forall a \in C(\text{or } R)$$

信号空間 $T(\mathcal{T},\ \mathcal{V})$ 上の重要な写像として**トランケーション写像** (trancation) と**シフト写像** (shift operator) がある.

● 任意の $T \in \mathcal{T}$ に対して, トランケーション写像 $P_T:f \mapsto f_T$ は

$$f_T(t) = \begin{cases} f(t), & t \leq T \\ 0, & t > T \end{cases} \tag{2.2}$$

と定義される (**図 2.1**).

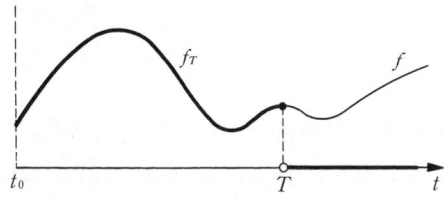

図 2.1 トランケーション写像

● 任意の $\theta \in R$ に対して, シフト写像 $S^\theta:f \mapsto f^\theta$ は

$$f^\theta(t) = \begin{cases} f(t+\theta), & t+\theta \in \mathcal{T} \\ 0, & t+\theta \notin \mathcal{T} \end{cases} \tag{2.3}$$

[†] (p. 9 の脚注) 記法「$f:\mathcal{T} \to \mathcal{V}$」は, f が定義域 $\mathcal{T}$, 値域 $\mathcal{V}$ の写像であることを意味し, 記法「$t \mapsto f(t)$」はその要素間の写像関係を表す.

[††] このような時間集合 $\mathcal{T}$ の場合は連続時間信号とよばれる. 時間集合 $\mathcal{T}$ が整数 (あるいはその部分集合) の場合は離散時間信号とよばれるが, 本書では取り扱わない.

[†††] ただし, 無限次元の (すなわち, 無限個の基底ベクトルをもつ) ベクトル空間である.

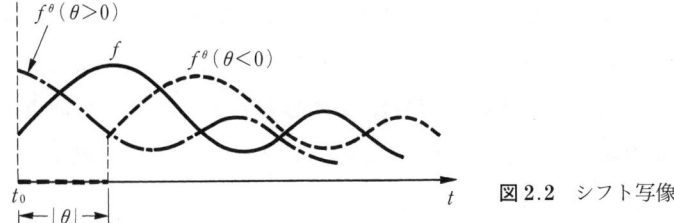

図 2.2 シフト写像

と定義される (図 2.2)。

信号 $f \in \mathcal{F}(\mathcal{T}, \mathcal{V})$ に対して，$f(t)$ のノルム $\|f(t)\|$ は時刻 t における信号の大きさを表す．時々刻々の信号の大きさではなく，全時間区間にわたっての信号の大きさを表すのに次式で定義された 2-ノルム $\|f\|_2$ が用いられる[†]。

$$\|f\|_2 = \sqrt{\int_{\mathcal{T}} \|f(t)\|^2 dt} \tag{2.4}$$

【例 2.1】 信号 $f(t) = e^{-a|t|}\sin t$ $(t \in \mathcal{T} = R)$ を考える．

$$\|f\|_2 = \sqrt{\int_{-\infty}^{\infty} e^{-2a|t|}\sin^2 t\, dt} = \begin{cases} \dfrac{1}{\sqrt{2a(a^2+1)}} & \text{for } a > 0 \\ \infty & \text{for } a \leq 0 \end{cases}$$

であり，2-ノルム $\|f\|_2$ は定数 a によって有界にも無限大にもなる． □

信号空間 $\mathcal{F}(\mathcal{T}, \mathcal{V})$ に属する信号から有界な 2-ノルムをもつ信号だけを集めてできる部分集合を $\mathcal{L}_2(\mathcal{T}, \mathcal{V})$ と書く．すなわち

$$\mathcal{L}_2(\mathcal{T}, \mathcal{V}) = \{f \in \mathcal{F}(\mathcal{T}, \mathcal{V}) \mid \|f\|_2 < \infty\} \tag{2.5}$$

この集合 $\mathcal{L}_2(\mathcal{T}, \mathcal{V})$ は $\mathcal{F}(\mathcal{T}, \mathcal{V})$ と同じ演算（和とスカラ積）の下でベクトル空間になる．しかも，$\mathcal{L}_2(\mathcal{T}, \mathcal{V})$ に属するすべての信号には 2-ノルム $\|\cdot\|_2$ を定義できる（有界な値をもつ）ので，$\mathcal{L}_2(\mathcal{T}, \mathcal{V})$ は**ノルム信号空間** (normed signal space) とよばれる．

動的システムを議論する場合，ノルム信号空間 $\mathcal{L}_2(\mathcal{T}, \mathcal{V})$ は大変有用な信

[†] 他のノルムとしては 1-ノルム $\|f\|_1$，∞-ノルム $\|f\|_\infty$ などがあり，以下のように定義される．

$$\|f\|_1 = \int_{\mathcal{T}} \|f(t)\| dt, \quad \|f\|_\infty = \sup_{t \in \mathcal{T}} \|f(t)\|$$

号のクラスである。しかし，2-ノルムの定義式(2.4)から，区分的に連続な信号 f が $\mathcal{L}_2(\mathcal{T}, \mathcal{V})$ に属していると，$t \to +\infty$ で $f(t)$ は零に収束することになる。動的システムを議論する場合，必ずしも $t \to +\infty$ で零に収束する信号ばかりを取り扱うわけではない。そこで，トランケーション写像 P_T を用いて

$$\mathcal{L}_{2e}(\mathcal{T}, \mathcal{V}) = \{f \in \mathcal{L}(\mathcal{T}, \mathcal{V}) \mid \|P_T f\|_2 < \infty \text{ for } \forall T \in \mathcal{T}\} \quad (2.6)$$

なる信号の集合を考える。信号 f が $\mathcal{L}_{2e}(\mathcal{T}, \mathcal{V})$ に属するとき，$t \to +\infty$ で $f(t)$ が発散してもよいことに注意する。また，明らかに $\mathcal{L}_2(\mathcal{T}, \mathcal{V}) \subset \mathcal{L}_{2e}(\mathcal{T}, \mathcal{V})$ である。$\mathcal{L}_{2e}(\mathcal{T}, \mathcal{V})$ は $\mathcal{L}_2(\mathcal{T}, \mathcal{V})$ の**拡大信号空間** (extended space) とよばれる。

【例 2.2】 信号 $f(t) = e^{-at} \sin t$ は，$a > 0$ のとき $f \in \mathcal{L}_2(R_+, R)$ であり，$a \leq 0$ のとき $f \in \mathcal{L}_{2e}(R_+, R)$ である。 □

信号空間 $\mathcal{F}(\mathcal{T}, \mathcal{V})$ に属する任意の二つの信号 f, g に対して，内積 $<f, g>$ は

$$<f, g> = \int_{\mathcal{T}} f^T(t) \overline{g(t)} dt \quad (2.7)$$

と定義される。ここで，$(\cdot)^T$ は転置を，$\overline{(\cdot)}$ は共役複素ベクトルを意味する。特に，$<f, f> = \|f\|_2^2$ であることに注意したい。

内積 $<f, g>$ もつねに有界とは限らない。しかし，ノルム信号空間 $\mathcal{L}_2(\mathcal{T}, \mathcal{V})$ に属する任意の二つの信号 f, g の内積 $<f, g>$ は，次式の Cauchy-Schwarz の不等式から，つねに有界であることが保証される。

$$|<f, g>|^2 \leq \|f\|_2^2 \|g\|_2^2 \quad (2.8)$$

2.2 動的システムの表現―入出力表現

動的システムの表現とは入力信号と出力信号との関係を数学モデルで表現することである。ここでは，入力信号空間として $\mathcal{L}_{2e}(R, R^m)$ を，出力信号空間として $\mathcal{L}_{2e}(R, R^r)$ をもつ動的システム Σ を考える。時間の集合 $\mathcal{T} = R$ であることに注意する(図 2.3 参照)。

2.2 動的システムの表現—入出力表現

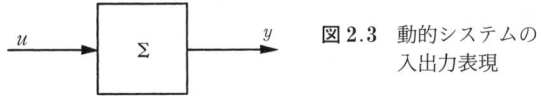

図 2.3 動的システムの入出力表現

動的システム Σ の入出力表現の一つとして，入力信号空間から出力信号空間への写像

$$G_\Sigma : \mathcal{L}_{2e}(R, R^m) \to \mathcal{L}_{2e}(R, R^r) ; u \mapsto y = G_\Sigma(u) \tag{2.9}$$

を与える方法がある．この写像 G_Σ はシステム Σ の**入出力写像**（input-output map）と呼ばれる．

時刻 t での出力値 $y(t)$ は $y(t) = \{G_\Sigma(u)\}(t)$ と記述される．$y(t) = G_\Sigma(u(t))$ とは記述できないことに注意したい．すなわち，入出力写像 G_Σ を用いた入出力関係では，一般に，時刻 t の出力値 $y(t)$ を決定するのは，同じ時刻の入力値 $u(t)$ でなく，すべての時刻の入力値 $\{u(\tau)|\tau \in R\}$ 全体である．システムが**動的**（dynamic）であるとよばれる理由がここにある．

しかし，式(2.9)の入出力写像の特別な場合として，ある関数 ϕ を用いて，$y(t) = \{G_\Sigma(u)\}(t) = \phi(t, u(t))$ と表現できる場合がある．これは時刻 t の出力値 $y(t)$ が同じ時刻の入力値 $u(t)$ のみで決定されることを意味する．このようなシステムは**静的**（static）であるとよばれる．

【例 2.3】 ばねに加える力を入力，そのときのばねの変位を出力としたとき，このシステムは静的システムである．浴槽に水を貯めるとき，蛇口からの単位時間当たりの流量を入力，浴槽の水位を出力とするシステムは動的システムである． □

入出力写像 G_Σ の性質によって，動的システムはつぎのように分類される．

【定義 2.1】 式(2.9)の入出力写像 G_Σ をもつ動的システム Σ を考える．

（1） G_Σ が次式を満足するとき，G_Σ および動的システム Σ は**線形**（linear）とよばれる．

$$G_\Sigma(\alpha u_1 + \beta u_2) = \alpha G_\Sigma(u_1) + \beta G_\Sigma(u_2),$$
$$\forall u_1, u_2 \in \mathcal{L}_{2e}(R, R^m) ; \forall \alpha, \beta \in R \tag{2.10}$$

（2） G_Σ が次式を満足するとき，G_Σ および動的システム Σ は**因果的**

(causal) とよばれる。

$$P_T G_\Sigma P_T = P_T G_\Sigma, \quad \forall T \in R \tag{2.11}$$

（3） G_Σ が次式を満足するとき，G_Σ および動的システム Σ は**時不変** (time-invariant) とよばれる。

$$G_\Sigma S^\theta = S^\theta G_\Sigma, \quad \forall \theta \in R \tag{2.12}$$

式(2.10)は入出力写像 G_Σ が信号空間上の線形写像であることをいっているにすぎない。

式(2.11)について考えてみる。異なった二つの入力信号 u_1，u_2 に対する出力信号を $y_1 = G_\Sigma(u_1)$，$y_2 = G_\Sigma(u_2)$ とする。入出力写像 G_Σ が式(2.11)を満たすとき，$P_T(u_1) = P_T(u_2)$ ならば $P_T(y_1) = P_T(y_2)$，すなわち

$$u_1(t) = u_2(t), \quad \forall t \leq T \quad \text{ならば} \quad y_1(t) = y_2(t), \quad \forall t \leq T$$

が成り立つ（図2.4参照）。実際

$$P_T(y_1) = P_T G_\Sigma(u_1) = P_T G_\Sigma P_T(u_1) = P_T G_\Sigma P_T(u_2) = P_T G_\Sigma(u_2)$$
$$= P_T(y_2)$$

である。ここで，第2等号と第4等号で式(2.11)を用いた。結局，式(2.11)を満たす入出力写像 G_Σ では，時刻 T まで同じ値をもつ入力からは時刻 T まで同じ値をもつ出力が生成されることになる。換言すれば，動的システムが因果的であるとは「入力信号の未来値が出力信号の過去値に影響を与えない」という意味となる。

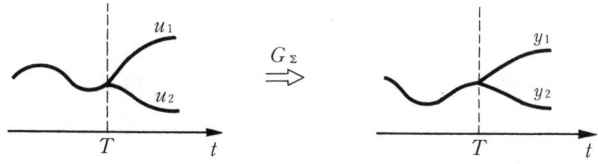

図2.4 因 果 律

式(2.12)は「入力信号 u によって出力信号 y が得られるならば，u を θ だけ時間シフトした入力信号 $S^\theta(u)$ によって得られる出力信号は y を θ だけ時間シフトした信号 $S^\theta(y)$ である」ことを意味する（図2.5参照）。実際，$y =$

2.2 動的システムの表現—入出力表現

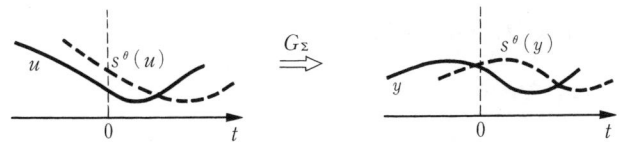

図 2.5 時 不 変 性

$G_\Sigma(u)$ であれば

$$G_\Sigma(S^\theta(u)) = G_\Sigma S^\theta(u) = S^\theta G_\Sigma(u) = S^\theta(y)$$

である.ここで,第 2 等号で式 (2.12) を用いた.

【例 2.4】 水平の板上に箱を置き,箱に加える力を入力,箱の位置を出力とするシステムを考える.箱と板の間の静止摩擦,クーロン摩擦といった非線形摩擦がなければ(あるいは,無視できるほど小さければ),このシステムは線形であると考えることができるが,厳密には,これらの非線形摩擦が存在するので,システムは線形ではない.

直列につないだ抵抗とコンデンサの両端に加える電圧を入力,コンデンサの両端の電圧を出力とするシステムを考える.抵抗特性,コンデンサ特性がいずれも線形特性であれば,このシステムは線形時不変システムと考えられる.しかし,長時間の入力の印加によって,回路内には熱が発生し,抵抗値などを変化させることが考えられる.その場合は,線形時変システムとなる.さらに,厳密には,抵抗特性,コンデンサ特性が線形特性とはいいがたい.したがって,システムは線形でもなく,時不変でもないことになる.

このように,身の回りにある多くの物理システムは,厳密には,線形でも時不変でもない.しかし,着目している物理システムの本質を知るには十分であるという観点から,線形時不変システムで記述される物理システムは多い.

身の回りの物理システムから,因果的でない動的システムを探すのはむずかしい. □

【定理 2.1】 動的システム Σ が線形であるための必要十分条件は,その入出力写像 $G_\Sigma : u \mapsto y$ が

$$y(t) = \int_{-\infty}^{\infty} G(t, \tau) u(\tau) d\tau, \quad G(t, \tau) \in R^{r \times m} \qquad (2.13)$$

で与えられることである。 □

【証明】

十分性：任意の入力信号 u_1, $u_2 \in \mathcal{L}_{2e}(R, R^m)$ と任意の α, $\beta \in R$ に対して

$$\{G_\Sigma(\alpha u_1 + \beta u_2)\}(t) = \int_{-\infty}^{\infty} G(t, \tau)(\alpha u_1 + \beta u_2)(\tau) d\tau$$

$$= \alpha \int_{-\infty}^{\infty} G(t, \tau) u_1(\tau) d\tau + \beta \int_{-\infty}^{\infty} G(t, \tau) u_2(\tau) d\tau$$

$$= \alpha \{G_\Sigma(u_1)\}(t) + \beta \{G_\Sigma(u_2)\}(t) = \{\alpha G_\Sigma(u_1) + \beta G_\Sigma(u_2)\}(t)$$

つまり，$G_\Sigma(\alpha u_1 + \beta u_2) = \alpha G_\Sigma(u_1) + \beta G_\Sigma(u_2)$ が成り立つので，システム Σ は線形である。

必要性：入力信号の次元 $m = 1$ の場合について証明する。一般の場合も同様に証明できる。Dirac のデルタ関数 δ を用いると，任意の入力信号 u は

$$u(t) = \int_{-\infty}^{\infty} u(\tau) \delta(t - \tau) d\tau = \int_{-\infty}^{\infty} u(\tau) \{S^{-\tau}(\delta)\}(t) d\tau$$

と表現できる。ここで，$S^{-\tau}$ はシフト写像である。上式は時刻 t での信号値 $u(t)$ に着目した表現式であるが，信号 u の表現式としては

$$u = \int_{-\infty}^{\infty} u(\tau) S^{-\tau}(\delta) d\tau$$

であり，「信号 u がスカラ $u(\tau)$ と信号 $S^{-\tau}(\delta)$ との無限積和である」ことを示している。

そこで，入力信号 $S^{-\tau}(\delta)$ に対する出力信号を $y^{-\tau}$，すなわち，$y^{-\tau} = G_\Sigma(S^{-\tau}(\delta))$ とすれば，上式の u の表現と線形性式(2.10)より

$$G_\Sigma(u) = G_\Sigma\left(\int_{-\infty}^{\infty} u(\tau) S^{-\tau}(\delta) d\tau\right) = \int_{-\infty}^{\infty} u(\tau) G_\Sigma(S^{-\tau}(\delta)) d\tau$$

$$= \int_{-\infty}^{\infty} u(\tau) y^{-\tau} d\tau$$

であり，さらに $G(t, \tau) = y^{-\tau}(t)$ と定義すれば

$$\{G_\Sigma(u)\}(t) = \int_{-\infty}^{\infty} u(\tau) y^{-\tau}(t) d\tau = \int_{-\infty}^{\infty} u(\tau) G(t, \tau) d\tau$$

より，式(2.13)を得る。　　　　　　　　　　　　　　　　　　□

　定理2.1の証明からわかるように，式(2.13)の積分核 $G(t, \tau)$ の (i, j) 要素は，第 j 入力信号として時刻 τ に単位インパルスが印加されたときの第 i 出力信号の時刻 t における値である。このことから，$G(t, \tau)$ は線形動的システム Σ の**インパルス応答行列**（impulse-response matrix）とよばれる。

【定理2.2】　線形動的システム Σ のインパルス応答行列を $G(t, \tau)$ とする。このときつぎの事柄が成り立つ。

（1）　動的システム Σ が因果的であるための必要十分条件は

$$G(t, \tau) = 0, \ t < \tau\,; \ \forall (t, \tau) \in R \times R \tag{2.14}$$

を満たすことである。

（2）　動的システム Σ が時不変であるための必要十分条件は $G(t, \tau)$ が $(t - \tau)$ の関数となること，すなわち

$$G(t, \tau) = G(t - \tau), \ \forall (t, \tau) \in R \times R \tag{2.15}$$

となることである。　　　　　　　　　　　　　　　　　　　□

【証明】

　（1）について：インパルス応答行列 $G(t, \tau)$ の定義から，動的システム Σ が因果的であれば，明らかに式(2.14)が成り立つ。

　逆に，インパルス応答行列 $G(t, \tau)$ が式(2.14)を満足するならば，式(2.13)において

$$y(t) = \int_{-\infty}^{\infty} G(t, \tau) u(\tau) d\tau = \int_{-\infty}^{t} G(t, \tau) u(\tau) d\tau$$

のように積分区間が $(-\infty, t]$ とできる。これは時刻 t の出力値 $y(t)$ が t より未来の入力信号の値に無関係に決定されることを意味する。よって，動的システム Σ は因果的である。

　（2）について：インパルス応答行列 $G(t, \tau)$ の定義から，動的システム Σ が時不変であれば，任意の $\theta \in R$ に対して $G(t, \tau) = G(t - \theta, \tau - \theta)$ で

ある。ここで，$\theta = \tau$ を代入すると $G(t, \tau) = G(t - \tau, 0)$ を得る。これは $G(t, \tau)$ が $(t - \tau)$ の関数であることを意味し，したがって，式(2.15)が成り立つ。

逆に，インパルス応答行列 $G(t, \tau)$ が式(2.15)を満足するならば，式(2.13)より

$$y(t + \theta) = \int_{-\infty}^{\infty} G(t + \theta - \tau)u(\tau)d\tau = \int_{-\infty}^{\infty} G(t - \tau)u(\tau + \theta)d\tau$$

を得る。これは $S^\theta G_\Sigma(u) = G_\Sigma S^\theta(u)$ を意味しているので，動的システム Σ は時不変である。□

われわれが議論する動的システムの多くのものは因果的である。したがって，特に断らない限り，動的システムといえば，因果的な動的システムを意味すると思ってよい。

また，因果的な動的システムが線形であるとき，その動的システムは**線形システム** (linear system) とよばれる。また，線形システムが時不変であるときは**線形時不変システム** (linear time-invariant system)，時不変ではないときは**線形時変システム** (linear time-varing system) とよばれる。定理2.2より，線形時変システムの入出力関係は，そのインパルス応答行列 $G(t, \tau)$ を用いて

$$y(t) = \int_{-\infty}^{t} G(t, \tau)u(\tau)d\tau \tag{2.16}$$

で与えられ，線形時不変システムの入出力関係は，そのインパルス行列 $G(t)$ を用いて†

$$y(t) = \int_{-\infty}^{t} G(t - \tau)u(\tau)d\tau \tag{2.17}$$

で与えられる。式(2.16)，(2.17)の右辺の積分は**たたみ込み積分** (convolution integral) とよばれる。

【例2.5】 入力信号 u_0 に対して出力信号 y_0 である線形時不変システム Σ に入力信号 u を印加したときの出力 y を求めてみよう。ただし

---

† インパルス応答行列 $G(t)$ は $G(t) = G(t, 0)$ で定義され，「$G(t) = 0, \forall t < 0$」である。

$$u_0(t) = \begin{cases} 1 & t \geq 0 \\ 0 & t < 0 \end{cases}, \quad y_0 = \begin{cases} 1 - e^{-t} & t \geq 0 \\ 0 & t < 0 \end{cases}, \quad u(t) = \begin{cases} \sin t & t \geq 0 \\ 0 & t < 0 \end{cases}$$

最初に，入出力対 (u_0, y_0) から，インパルス応答 $G(t)$ を知ることができる．実際，$t \geq 0$ に対して

$$y_0(t) = \int_{-\infty}^{t} G(t-\tau) u_0(\tau) d\tau = \int_0^t G(t-\tau) d\tau = \int_0^t G(\tau) d\tau$$
$$= 1 - e^{-t}$$

であるから，$G(t) = e^{-t}$ を得る．よって，入力 u に対する出力 は，$t \geq 0$ に対して

$$y(t) = \int_0^t G(t-\tau) u(\tau) d\tau = \int_0^t e^{-(t-\tau)} \sin \tau \, d\tau$$
$$= \frac{1}{2} e^{-t} - \frac{1}{\sqrt{2}} \sin\left(t + \frac{1}{4}\pi\right)$$

と求められる． □

2.3 因果的な動的システムの表現—状態方程式

入力信号空間 $\mathcal{L}_{2e}(R, R^m)$，出力信号空間 $\mathcal{L}_{2e}(R, R^r)$，入出力写像 G_Σ をもつ動的システム Σ が因果的であるとする．このとき，ある時刻 t_0 の出力値 $y(t_0)$ は入力信号 u の時間区間 $(-\infty, t_0]$ での値から決定されるので

$$y(t_0) = \{G_\Sigma(u)\}(t_0) = \{G_\Sigma(u_{(-\infty, t_0]})\}(t_0)$$

という記法が許される．ここで，$u_{(-\infty, t_0]}$ は入力信号 u を時間区間 $(-\infty, t_0]$ に制限した信号である．

さて，つぎのような状況を想定してみよう．因果的な動的システム Σ が時刻 t_0 にある．そして，時刻 t_0 以前の入力信号 $\tilde{u}_{(-\infty, t_0]}$ は問題にせず，時刻 t_0 以降の入力信号 $u \in \mathcal{L}_{2e}([t_0, \infty), R^m)$ と出力信号 $y \in \mathcal{L}_{2e}([t_0, \infty), R^r)$ の関係を議論したい．

この場合，入出力写像 G_Σ を用いると，$\tilde{u}_{(-\infty, t_0]}$ と $u \in \mathcal{L}_{2e}([t_0, \infty), R^m)$ を

結合した入力信号 $\tilde{u}_{(-\infty, t_0]} \oplus u$ を準備して，$y = G_\Sigma(\tilde{u}_{(-\infty, t_0]} \oplus u)$ としなければならない．つまり，つねに時刻 t_0 以前の入力信号 $\tilde{u}_{(-\infty, t_0]}$ を陽に扱わねばならない．

この不都合を克服する方法は，入力信号と出力信号の他に，動的システム Σ の内部状況を規定する**状態変数** (state variable) を導入することである．「時刻 t における動的システムの状態変数とは，時刻 t 以降における動的システムへのいかなる入力信号 u に対しても，時刻 t 以降の動的システムの振舞いを決定するのに必要な最小の情報量を表現した変数 $x(t)$ である」と定義され，通常，$x(t) = [x_1(t) \quad x_2(t) \quad \cdots \quad x_n(t)]^T$ とベクトルで表現される．換言すれば，時刻 t 以前の入力信号の動的システムに与えた影響をベクトル値として集約した変数が時刻 t の状態変数 $x(t)$ である．

したがって，状態変数を導入すれば，「時刻 t_0 の状態変数 $x(t_0)$ と t_0 以降の入力信号 $u \in \mathcal{L}_{2e}([t_0, \infty), R^m)$ から t_0 以降の出力信号 $y \in \mathcal{L}_{2e}([t_0, \infty), R^r)$ が決定される」ことになり，上述の入出力写像の不都合が回避される（図 **2.6** 参照）．

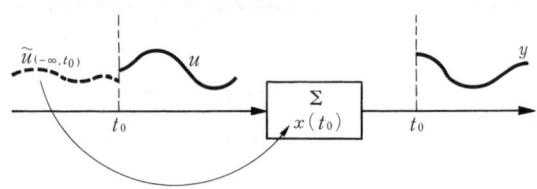

図 2.6　状態変数の導入

次式の常微分方程式と代数方程式を用いて，動的システム Σ を表現することを考えてみる．

$$\dot{x}(t) = f(t, \ x(t), \ u(t)), \ x(t_0) = x_0 \tag{2.18}$$

$$y(t) = g(t, \ x(t), \ u(t)) \tag{2.19}$$

ここで，$\dot{x}(t)$ は状態変数 $x(t)$ の時間微分であり，$x(t) \in R^n$, $u(t) \in R^m$, $y(t) \in R^r$ である．また，f は n 次元ベクトル値関数，g は r 次元ベクトル値関数である．式(2.18)は**状態方程式** (state equation)，式(2.19)は**出**

力方程式（output equation）とよばれる．ただし，状態方程式と出力方程式をまとめて状態方程式とよぶ場合もある．

初期時刻 t_0，初期状態 $x(t_0) = x_0$ と入力信号 $u \in \mathcal{L}_{2e}([t_0, \infty), R^m)$ が与えられたとき，状態方程式(2.18)の解 $x(t)$ の存在性と唯一性は常微分方程式の基本定理[†]に委ねることとし，ここでは解 $x(t)$ を

$$\phi : [t_0, \infty) \times R \times R^n \times \mathcal{L}_{2e}([t_0, \infty), R^m) \to R^n$$
$$; (t, t_0 ; x_0, u) \mapsto x(t) = \phi(t, t_0 ; x_0, u) \tag{2.20}$$

と書くことにする．ϕ は**状態推移写像**（state transition map）とよばれる．

$$\phi(t_0, t_0 ; x_0, u) = x_0 \tag{2.21}$$

$$\frac{d}{dt}\phi(t, t_0 ; x_0, u) = f(t, \phi(t, t_0 ; x_0, u), u(t)) \tag{2.22}$$

が成り立つことは明らかであるが，さらに

$$\phi(t, t_0 ; x_0, u) = \phi(t, t_0 ; x_0, P_t(u)), \quad \forall t \geq t_0 : \forall u \tag{2.23}$$

が成り立つ．これは，時刻 t の状態変数 $x(t)$ が初期状態 $x(t_0) = x_0$ と時間区間 $[t_0, t)$ の入力 $u_{[t_0, t)}$ で定まり，t 以降の入力 $u_{[t, \infty)}$ には無関係である，つまり，「状態変数 $x(t)$ が入力信号 u から因果的に決定される」ことを意味している．したがって

$$x(t) = \phi(t, t_0 ; x_0, u_{[t_0, t)}) \tag{2.24}$$

なる記法が許される．

式(2.24)を出力方程式(2.19)に代入すると

$$y(t) = g(t, \phi(t, t_0 ; x_0, u_{[t_0, t)}), u(t))$$

を得る．右辺を改めて一つの写像として

$$y(t) = \rho(t, t_0 ; x_0, u_{[t_0, t]}) \tag{2.25}$$

と表し，ρ を動的システム Σ の**応答関数**（response function）とよぶ．この応答関数は「出力信号値 $y(t)$ が初期状態 $x(t_0) = x_0$ と入力信号 $u_{[t_0, t]}$ で決定

[†] 例えば，ベクトル関数 $f(t, x(t), u(t))$ が t に関して区分的連続，$x(t)$ に関して局所**リプシッツ**（Lipschitz）条件を満たし，$u(t)$ に関して連続であれば，常微分方程式(2.18)はただ一つ解をもつ．

される」ことを意味している。

状態方程式(2.18), (2.19)で記述された動的システム Σ は，ベクトル値関数 f, g の性質によって，以下のように分類される。

【定義 2.2】 状態方程式(2.18), (2.19)で記述された動的システム Σ を考える。

（1） f, g が $x(t)$ および $u(t)$ の線形関数，すなわち
$$f(t, x(t), u(t)) = A(t)x(t) + B(t)u(t),$$
$$A(t) \in R^{n \times n}; B(t) \in R^{n \times m}$$
$$g(t, x(t), u(t)) = C(t)x(t) + D(t)u(t),$$
$$C(t) \in R^{r \times n}; D(t) \in R^{r \times m}$$

のとき，動的システム Σ は**線形**とよばれる。

（2） f, g が陽に時刻 t の関数でない，すなわち
$$f(t, x(t), u(t)) = f(x(t), u(t)), \ g(t, x(t), u(t))$$
$$= g(x(t), u(t))$$

のとき，動的システム Σ は**時不変**とよばれる。　　□

動的システム Σ が線形であるとき，その動的システムは**線形システム**とよばれる。また，線形システムが時不変であるとき，すなわち，状態方程式(2.18), (2.19)において
$$f(t, x(t), u(t)) = Ax(t) + Bu(t), \ A \in R^{n \times n}; B \in R^{n \times m}$$
$$g(t, x(t), u(t)) = Cx(t) + Du(t), \ C \in R^{r \times n}; D \in R^{r \times m}$$

のとき，その線形システムは**線形時不変システム**とよばれ，線形システムが時不変でないときは**線形時変システム**とよばれる。

動的システム Σ の線形あるいは時不変という性質は，つぎの定理が示すように，その応答関数にある意味での線形あるいは時不変という性質をもたらすことになる。

【定理 2.3】 状態方程式(2.18), (2.19)で記述される動的システム Σ とその応答関数式(2.25)を考える。

（1） 動的システム Σ が線形であれば，その応答関数は次式を満たす。

2.3 因果的な動的システムの表現—状態方程式

$$\rho(t, \ t_0 \ ; \ \alpha x_0 + \beta x'_0, \ (\alpha u + \beta u')_{[t_0,t]})$$
$$= \alpha\rho(t, \ t_0 \ ; \ x_0, \ u_{[t_0,t]}) + \beta\rho(t, \ t_0 \ ; \ x'_0, \ u'_{[t_0,t]}),$$
$$\forall u, \ u' \ ; \ \forall \alpha, \ \beta \in R$$

（2） 動的システム Σ が時不変であれば，その応答関数は次式を満たす。

$$\rho(t+\theta, \ t_0+\theta \ ; \ x_0, \ S^\theta(u)_{[t_0+\theta, t+\theta]}) = \rho(t, \ t_0 \ ; \ x_0, \ u_{[t_0,t]}),$$
$$\forall u \ ; \ \forall \theta \in R$$

【証明】

（1）について：初期状態と入力信号が x_0, u に対する状態方程式の解を $x(t)$, x'_0, u' に対する解を $x'(t)$ とする。すなわち

$$x(t) = \phi(t, \ t_0 \ ; \ x_0, \ u_{[t_0,t)}), \ x'(t) = \phi(t, \ t_0 \ ; \ x'_0, \ u'_{[t_0,t)})$$

このとき，式(2.21)，(2.22)より

$$\dot{x}(t) = f(t, \ x(t), \ u(t)) = A(t)x(t) + B(t)u(t), \ x(t_0) = x_0$$
$$\dot{x}'(t) = f(t, \ x'(t), \ u'(t)) = A(t)x'(t) + B(t)u'(t), \ x'(t_0) = x'_0$$

であるので，任意の $\alpha, \ \beta \in R$ に対して

$$\alpha\dot{x}(t) + \beta\dot{x}'(t) = A(t)(\alpha x(t) + \beta x'(t)) + B(t)(\alpha u(t) + \beta u'(t)),$$
$$\alpha x(t_0) + \beta x'(t_0) = \alpha x_0 + \beta x'_0$$

が成り立つ。これは

$$\phi(t, \ t_0 \ ; \ \alpha x_0 + \beta x'_0, \ (\alpha u + \beta u')_{[t_0,t)})$$
$$= \alpha\phi(t, \ t_0 \ ; \ x_0, \ u_{[t_0,t)}) + \beta\phi(t, \ t_0 \ ; \ x'_0, \ u'_{[t_0,t)})$$

を意味する。よって，式(2.25)の応答関数に関して

$$\rho(t, \ t_0 \ ; \ \alpha x_0 + \beta x'_0, \ (\alpha u + \beta u')_{[t_0,t]})$$
$$= C(t)\phi(t, \ t_0 \ ; \ \alpha x_0 + \beta x'_0, \ (\alpha u + \beta u')_{[t_0,t)}) + D(t)(\alpha u + \beta u')(t)$$
$$= \alpha\{C(t)\phi(t, \ t_0 \ ; \ x_0, \ u_{[t_0,t)}) + D(t)u(t)\}$$
$$\quad + \beta\{C(t)\phi(t, \ t_0 \ ; \ x'_0, \ u'_{[t_0,t)}) + D(t)u'(t)\}$$
$$= \alpha\rho(t, \ t_0 \ ; \ x_0, \ u_{[t_0,t]}) + \beta\rho(t, \ t_0 \ ; \ x'_0, \ u'_{[t_0,t]})$$

が成り立つ。

（2）について：初期状態と入力信号が x_0, u に対する状態方程式の解を $x(t)$ とすれば

$$\dot{x}(t) = f(t, x(t), u(t)) = f(x(t), u(t)), \; x(t_0) = x_0$$

が成り立つ。よって，任意の定数 $\theta \in R$ を用いて時間変数 t を $t + \theta$ に変換すれば，明らかに

$$\dot{x}(t + \theta) = f(x(t + \theta), u(t + \theta)), \; x(t_0 + \theta) = x_0$$

も成り立つ。これは

$$\phi(t + \theta, t_0 + \theta \,;\, x_0, S^\theta(u)_{[t_0+\theta, t+\theta]}) = \phi(t, t_0 \,;\, x_0, u_{[t_0, t]}), \; \forall t \geqq t_0$$

を意味している。さらに，出力方程式の g が陽に時刻 t の関数でないことおよび $\{S^\theta(u)\}(t + \theta)) = u(t)$ に注意すると，応答関数に関して

$$\begin{aligned}
\rho(t, t_0 \,;\, x_0, u_{[t_0, t]}) &= g(\phi(t, t_0 \,;\, x_0, u_{[t_0, t)}), u(t)) \\
&= g(\phi(t + \theta, t_0 + \theta \,;\, x_0, S^\theta(u)_{[t_0+\theta, t+\theta)}), \{S^\theta(u)\}(t + \theta)) \\
&= \rho(t + \theta, t_0 + \theta \,;\, x_0, S^\theta(u)_{[t_0+\theta, t+\theta]})
\end{aligned}$$

が成り立つ。 □

2.4 線形システムの入出力表現と状態表現

線形システムの表現の一つは 2.2 節で述べた入出力写像 G_Σ であり，具体的にはインパルス応答行列 $G(t, \tau)$ を用いて

$$y(t) = \int_{-\infty}^{t} G(t, \tau) u(\tau) d\tau \,;\quad G(t, \tau) \in R^{r \times m} \tag{2.26}$$

と表す方法である。ほかの一つは 2.3 節で述べた状態方程式

$$\dot{x}(t) = A(t)x(t) + B(t)u(t), \; x(t_0) = x_0$$
$$;\, A(t) \in R^{n \times n} \,;\, B(t) \in {}^{n \times m} \tag{2.27}$$
$$y(t) = C(t)x(t) + D(t)u(t) \,;\, C(t) \in R^{r \times n} \,;\, D(t) \in R^{r \times m} \tag{2.28}$$

を用いる方法である。ここでは，式 (2.26) の入出力表現と式 (2.27)，(2.28) の状態方程式との関係を論じる。

そのために，式 (2.27)，(2.28) の状態方程式の解を導出する。最初に

$$\dot{x}(t) = A(t)x(t), \; x(t_0) = x_0 \tag{2.29}$$

の解 $x(t)$ が $x(t) = \Phi(t, t_0) x_0$ で与えられるとする。ここで，$\Phi(t, t_0) \in$

$R^{n\times n}$ は**状態遷移行列** (state transition matrix) とよばれる。状態遷移行列の重要な性質として

$$\begin{cases} \varPhi(t_0,\ t_0) = I_n,\ \forall t_0 \in R \\ \varPhi(t,\ t_0) = \varPhi(t,\ t_1)\varPhi(t_1,\ t_0),\ \forall t_0,\ t_1,\ t \in R \\ \{\varPhi(t,\ t_0)\}^{-1} = \varPhi(t_0,\ t),\ \forall t_0,\ t \in R \\ \dfrac{d}{dt}\varPhi(t,\ t_0) = A(t)\varPhi(t,\ t_0),\ \forall t_0 \in R \\ \dfrac{d}{dt}\varPhi(t_0,\ t) = -\varPhi(t_0,\ t)A(t),\ \forall t_0 \in R \end{cases} \quad (2.30)$$

が知られている。

【例 2.6】 つぎに示した行列 $A(t) \in R^{2\times 2}$ に対する状態遷移行列 $\varPhi(t,\ t_0)$ が性質(2.30)を有していることを確かめてみよう。

（1） $A(t) = \begin{bmatrix} a(t) & 0 \\ 0 & b(t) \end{bmatrix} \rightarrow \varPhi(t,\ t_0) = \begin{bmatrix} e^{\alpha(t,t_0)} & 0 \\ 0 & e^{\beta(t,t_0)} \end{bmatrix}$

ただし，$\alpha(t,\ t_0) = \int_{t_0}^{t} a(\tau)d\tau,\ \beta(t,\ t_0) = \int_{t_0}^{t} b(\tau)d\tau$

（2） $A(t) = \begin{bmatrix} 0 & c(t) \\ -c(t) & 0 \end{bmatrix} \rightarrow \varPhi(t,\ t_0) = \begin{bmatrix} \cos \gamma(t,\ t_0) & \sin \gamma(t,\ t_0) \\ -\sin \gamma(t,\ t_0) & \cos \gamma(t,\ t_0) \end{bmatrix}$

ただし，$\gamma(t,\ t_0) = \int_{t_0}^{t} c(\tau)d\tau$

いずれも直接，計算することによって確かめられる。ここでは，（2）の $\varPhi(t,\ t_0)$ について，$(d/dt)\varPhi(t,\ t_0) = A(t)\varPhi(t,\ t_0)$ だけを確かめる。ほかは読者の演習とする。

$$\frac{d}{dt}\varPhi(t,\ t_0) = \begin{bmatrix} -\sin \gamma(t,\ t_0) \times c(t) & \cos \gamma(t,\ t_0) \times c(t) \\ -\cos \gamma(t,\ t_0) \times c(t) & -\sin \gamma(t,\ t_0) \times c(t) \end{bmatrix}$$
$$= A(t)\varPhi(t,\ t_0) \qquad \square$$

式(2.30)の性質を利用すると，状態方程式(2.27)の解は

$$x(t) = \varPhi(t,\ t_0)x_0 + \int_{t_0}^{t} \varPhi(t,\ \tau)B(\tau)u(\tau)d\tau \qquad (2.31)$$

として与えられることがわかる。また，出力方程式(2.28)より

$$y(t) = C(t)\Phi(t, t_0)x_0 + \int_{t_0}^t C(t)\Phi(t, \tau)B(\tau)u(\tau)d\tau + D(t)u(t) \tag{2.32}$$

を得る。右辺第1項は，入力信号 $u=0$ に対する応答であるので，**零入力応答**（zero-input response）とよばれる。残りの項は，状態変数 $x_0=0$ に対する応答であるので，**零状態応答**（zero-state response）とよばれる。

式(2.27)，(2.28)の状態方程式で記述された線形システムの入力信号 $u \in \mathcal{L}_{2e}([t_0, \infty), R^m)$ と出力信号 $y \in \mathcal{L}_{2e}([t_0, \infty), R^r)$ の関係は式(2.32)で与えられることを知った。式(2.32)において，$t_0 \to -\infty$ および $x_0 = 0$ とすると

$$y(t) = \int_{-\infty}^t \{C(t)\Phi(t, \tau)B(\tau) + D(t)\delta(t-\tau)\}u(\tau)d\tau \tag{2.33}$$

を得る。これは式(2.27)，(2.28)の状態方程式で記述された線形システムの入力信号 $u \in \mathcal{L}_{2e}(R, R^m)$ から出力信号 $y \in \mathcal{L}_{2e}(R, R^r)$ への入出力写像 G_Σ である。したがって，式(2.26)のインパルス応答行列 $G(t, \tau)$ は

$$G(t, \tau) = \begin{cases} C(t)\Phi(t, \tau)B(\tau) + D(t)\delta(t-\tau), & t \geq \tau \\ 0, & t < \tau \end{cases} \tag{2.34}$$

で与えられることがわかる。

2.5　線形時不変システムの表現

つぎの状態方程式で記述される線形時不変システムを考える。

$$\dot{x}(t) = Ax(t) + Bu(t), \ x(0) = x_0 ; A \in R^{n \times n}, \ B \in R^{n \times m} \tag{2.35}$$

$$y(t) = Cx(t) + Du(t), \qquad ; C \in R^{r \times n}, \ D \in R^{r \times m} \tag{2.36}$$

システムが時不変の場合，初期時刻 t_0 のいかんにかかわらず，システムの挙動を一般的に議論できるので，ここでは初期時刻 $t_0 = 0$ としている。この線形時不変システムを $\Sigma(A, B, C, D)$ と記すことにする。

2.5.1 状態方程式とインパルス応答行列

線形時不変システム $\Sigma(A, B, C, D)$ は前節で述べた線形システムの特別な場合である。しかも

$$\dot{x}(t) = Ax(t), \ x(t_0) = x_0 ; \tag{2.37}$$

の解 $x(t)$ が $x(t) = e^{At}x_0$ で与えられることは明らかである。ここで，e^{At} は

$$e^{At} = I_n + At + \frac{1}{2!}A^2t^2 + \cdots + \frac{1}{k!}A^kt^k + \cdots = \sum_{k=0}^{\infty}\frac{1}{k!}A^kt^k \tag{2.38}$$

で定義された $n \times n$ 行列であり，つぎの性質を有することを確かめるのは容易である。

$$\begin{cases} e^{At}|_{t=0} = I_n, \ e^{At}e^{A\tau} = e^{A(t+\tau)}, \ (e^{At})^{-1} = e^{-At} \\ \dfrac{d}{dt}e^{At} = Ae^{At} = e^{At}A \end{cases} \tag{2.39}$$

つまり，線形時不変システムでは，状態推移行列 $\Phi(t, t_0) = e^{A(t-t_0)}$ である。したがって，状態方程式(2.35)の解は

$$x(t) = e^{At}x_0 + \int_0^t e^{A(t-\tau)}Bu(\tau)d\tau \tag{2.40}$$

で与えられ，出力方程式(2.36)から出力 $y(t)$ は

$$y(t) = Ce^{At}x_0 + \int_0^t \{Ce^{A(t-\tau)}b + D\delta(t-\tau)\}u(\tau)d\tau \tag{2.41}$$

となる。また，インパルス応答行列 $G(t)$ は

$$G(t) = \begin{cases} Ce^{At}B + D\delta(t), & t \geq 0 \\ 0, & t < 0 \end{cases} \tag{2.42}$$

で与えられる。

2.5.2 ラプラス変換と伝達関数

時間集合 $\mathcal{T} = R_+$ 上で定義された信号 $f(t)$ に対して，次式で与えられる複素数 s の複素関数 $\hat{f}(s)$ を $f(t)$ の**ラプラス変換** (Laplace transformation) とよび[†]，$\hat{f}(s) = \mathcal{L}\{f(t)\}$ と記す。

$$\hat{f}(s) = \int_0^\infty f(t)e^{-st}dt \tag{2.43}$$

ラプラス変換のおもな基本的性質を**表 2.1** に示す。

表 2.1 ラプラス変換の基本的性質[注1]

線形性	$\mathcal{L}\{\alpha f(t) + \beta g(t)\} = \alpha \hat{f}(s) + \beta \hat{g}(s)$
たたみ込み積分	$\mathcal{L}\left\{\int_0^t f(t-\tau)g(\tau)d\tau\right\} = \hat{f}(s)\hat{g}(s)$
時間微分	$\mathcal{L}\left\{\dfrac{d}{dt}f(t)\right\} = s\hat{f}(s) - f(0)$
パーセバルの等式	$\int_0^\infty \|f(t)\|^2 dt = \dfrac{1}{2\pi}\int_{-\infty}^\infty \|\hat{f}(j\omega)\|^2 d\omega$ [注2]

(注 1) 表中において, $\hat{f}(s) = \mathcal{L}\{f(t)\}$, $\hat{g}(s) = \mathcal{L}\{g(t)\}$ であり, α, β はスカラである。

(注 2) 左辺が有界値のとき, $f \in \mathcal{L}_2(R_+, R^n)$ であり, このとき, $f(t)$ のラプラス変換 $\hat{f}(s)$ は $\operatorname{Re} s > 0$ で解析的である。したがって, 右辺は $\sup\limits_{\xi>0} \dfrac{1}{2\pi}\int_{-\infty}^\infty \|\hat{f}(\xi+j\omega)\|^2 d\omega$ としてもよい。

線形時不変システム $\Sigma(A, B, C, D)$ においては, 式 (2.42) で与えられるインパルス応答行列 $G(t)$ を用いて, 初期状態 $x_0 \in R^n$, 入力信号 $u \in \mathcal{L}_{2e}(R_+, R^m)$ と出力信号 $y \in \mathcal{L}_{2e}(R_+, R^r)$ の関係が

$$y(t) = Ce^{At}x_0 + \int_0^t G(t-\tau)u(\tau)d\tau$$

と記述できた。この表現は, ラプラス変換の「たたみ込み積分」の性質を利用すると, 特に初期状態 $x_0 = 0$ の場合には

$$\hat{y}(s) = \hat{G}(s)\hat{u}(s) \tag{2.44}$$

と簡潔に表現できる。ここで, $\hat{u}(s) = \mathcal{L}\{u(t)\}$, $\hat{G}(s) = \mathcal{L}\{G(t)\}$, $\hat{y}(s) = \mathcal{L}\{y(t)\}$ である。$\hat{G}(s)$ は線形時不変システム $\Sigma(A, B, C, D)$ の**伝達関数行列** (transfer function matrix) とよばれる。

伝達関数行列 $\hat{G}(s)$ は式 (2.42) のインパルス応答行列 $G(t)$ をラプラス変換することによって求められるが, ここでは, 状態方程式 (2.35), (2.36) をラプ

---

† 右辺の積分が有界値であるためには, 一般に, $\operatorname{Re} s > a$ (ただし, $a \in R$) となることが必要であり, 複素数関数 $\hat{f}(s)$ の定義域は $\{s \in C | \operatorname{Re} s > a\}$ である。しかし, $\hat{f}(s)$ の定義域は, 解析接続による定義域の拡張によって, 複素数全体 C と考える。

ラス変換することから求めてみる。$\hat{x}(s) = \mathcal{L}\{x(t)\}$, $\hat{u}(s) = \mathcal{L}\{u(t)\}$, $\hat{y}(s) = \mathcal{L}\{y(t)\}$ とし，ラプラス変換の「線形性」や「時間微分」の性質を利用して，状態方程式(2.35), (2.36)をラプラス変換すると

$$s\hat{x}(s) - x_0 = A\hat{x}(s) + B\hat{u}(s)$$
$$\hat{y}(s) = C\hat{x}(s) + D\hat{u}(s)$$

を得る。第1式から $\hat{x}(s)$ を解くと

$$\hat{x}(s) = (sI_n - A)^{-1}x_0 + (sI_n - A)^{-1}B\hat{u}(s)$$

となり，これを第2式に代入して

$$\hat{y}(s) = C(sI_n - A)^{-1}x_0 + [C(sI_n - A)^{-1}B + D]\hat{u}(s) \qquad (2.45)$$

を得る。これと式(2.44)とを比較することによって ($x_0 = 0$ とおく)，伝達関数行列 $\hat{G}(s)$ は次式で与えられることがわかる。

$$\hat{G}(s) = C(sI_n - A)^{-1}B + D \qquad (2.46)$$

2.6 線形時不変システムの基本構造と実現問題

線形時不変システムの3種類の表現，すなわち，インパルス応答行列，状態方程式表現，伝達関数行列のうち，インパルス応答行列と伝達関数行列はラプラス変換あるいはラプラス逆変換の関係である。また，前節では，状態方程式から伝達関数行列を求めた。

本節では，伝達関数行列 $\hat{G}(s)$ から状態方程式（すなわち，係数行列 A, B, C, D）を求める問題を考える。これは実現問題とよばれる。この問題に答えるためには状態方程式の基本構造を知る必要がある。

2.6.1 基本構造

線形時不変システム $\Sigma(A, B, C, D)$

$$\dot{x}(t) = Ax(t) + Bu(t), \ x(0) = x_0 \ ; A \in R^{n\times n}, \ B \in R^{n\times m} \qquad (2.47)$$
$$y(t) = Cx(t) + Du(t), \qquad\qquad\quad ; C \in R^{r\times n}, \ D \in R^{r\times m} \qquad (2.48)$$

を考える。ここで，状態変数 $x(t)$ を

$$x(t) = Q\tilde{x}(t), \quad Q \in R^{n \times n} : 正則 \tag{4.49}$$

によって，新しい状態変数 $\tilde{x}(t)$ に変換すると，次式で記述される線形時不変システム $\tilde{\Sigma}(\tilde{A}, \tilde{B}, \tilde{C}, \tilde{D})$

$$\dot{\tilde{x}}(t) = \tilde{A}\tilde{x}(t) + \tilde{B}u(t), \quad \tilde{x}(0) = \tilde{x}_0 \,;\, \tilde{A} \in R^{n \times n},\ \tilde{B} \in R^{n \times m} \tag{2.50}$$

$$y(t) = \tilde{C}\tilde{x}(t) + \tilde{D}u(t), \qquad \quad ;\, \tilde{C} \in R^{r \times m},\ \tilde{D} \in R^{r \times m} \tag{2.51}$$

が得られる。ただし，$\tilde{x}_0 = Q^{-1}x_0$ であり

$$\tilde{A} = Q^{-1}AQ, \quad \tilde{B} = Q^{-1}B, \quad \tilde{C} = CQ, \quad \tilde{D} = D \tag{2.52}$$

である。

式(2.49)の状態変換は**相似変換**（similarity transformation）とよばれ，係数行列の間に式(2.52)の関係がある二つの線形時不変システム $\Sigma(A, B, C, D)$ と $\tilde{\Sigma}(\tilde{A}, \tilde{B}, \tilde{C}, \tilde{D})$ は**互いに相似**（similar）であるとよばれる。

互いに相似であるシステムでは状態変数のとり方が異なっているだけなので，入出力関係は変化しない。実際，つぎの定理が成り立つ。

【定理 2.4】 $\Sigma(A, B, C, D)$ と $\tilde{\Sigma}(\tilde{A}, \tilde{B}, \tilde{C}, \tilde{D})$ は互いに相似であるとする。このとき，$\Sigma(A, B, C, D)$ の伝達関数行列 $\hat{G}_\Sigma(s)$ と $\tilde{\Sigma}(\tilde{A}, \tilde{B}, \tilde{C}, \tilde{D})$ の伝達関数行列 $\hat{G}_{\tilde{\Sigma}}(s)$ は等しい。 □

【証明】 伝達関数行列の式(2.46)に式(2.52)を適用すると

$$\begin{aligned}\hat{G}_{\tilde{\Sigma}}(s) &= \tilde{C}(sI_n - \tilde{A})^{-1}\tilde{B} + \tilde{D} = CQ(sI_n - Q^{-1}AQ)^{-1}Q^{-1}B + D \\ &= C(sI_n - A)^{-1}B + D = \hat{G}_\Sigma(s)\end{aligned}$$

を得る。 □

この定理の逆，すなわち「$\hat{G}_\Sigma(s) = \hat{G}_{\tilde{\Sigma}}(s)$ ならば $\Sigma(A, B, C, D)$ と $\tilde{\Sigma}(\tilde{A}, \tilde{B}, \tilde{C}, \tilde{D})$ は互いに相似である」は成り立たない。換言すれば，$\Sigma(A, B, C, D)$ と $\tilde{\Sigma}(\tilde{A}, \tilde{B}, \tilde{C}, \tilde{D})$ が互いに相似でなくても，$\hat{G}_\Sigma(s) = \hat{G}_{\tilde{\Sigma}}(s)$ となる場合がある。このような事実を理解するための基本概念として可制御性，可観測性がある。

【定義 2.3】 状態方程式(2.47)，(2.48)で記述された線形時不変システム

$\Sigma(A, B, C, D)$ を考える．

（1） ある初期状態 $x_0 \in R^n$ に対して，有限時間区間の入力信号 $u_{[0,t]}$ が存在して，$x(t) = 0$ とできるとき，その初期状態 x_0 は**可制御** (controllable) であるという．また，任意の初期状態 $x_0 \in R^n$ が可制御であるとき，$\Sigma(A, B, C, D)$ は**可制御**であるという．

（2） 有限時間区間の入力信号 $u_{[0,t]}$ と出力信号 $u_{[0,t]}$ を観測して，初期状態 $x_0 \in R^n$ がただ一つ決定されるならば，その初期状態 x_0 は**可観測** (observable) であるという．また，任意の初期状態 $x_0 \in R^n$ が可観測であるとき，$\Sigma(A, B, C, D)$ は**可観測**であるという． □

状態変数 $x(t)$ はベクトル空間 R^n に属している．状態空間 R^n 内に定義されるつぎの二つの部分空間

$$\chi_c = \text{Im}\,[B \quad AB \quad A^2B \cdots A^{n-1}B], \quad \chi_{\bar{o}} = \text{Ker}\begin{bmatrix} C \\ CA \\ CA^2 \\ \vdots \\ CA^{n-1} \end{bmatrix} \tag{2.53}$$

を考える．χ_c は**可制御部分空間** (controllable subspace)，$\chi_{\bar{o}}$ は**不可観測部分空間** (unobservable subspace) とよばれる．

【定理 2.5】（可制御性と可観測性）　線形時不変システム $\Sigma(A, B, C, D)$ において，以下の事柄が成り立つ．

（1） 初期状態 $x_0 \in R^n$ が可制御であるための必要十分条件は $x_0 \in \chi_c$ である．また，$\Sigma(A, B, C, D)$ が可制御であるための必要十分条件は $\chi_c = R^n$，すなわち
$$\text{rank}\,[B \quad AB \quad A^2B \cdots A^{n-1}B] = n \tag{2.54}$$
である．

（2） 初期状態 $x_0 \in R^n$ が可観測でないための必要十分条件は $x_0 \in \chi_{\bar{o}}$ である．また，$\Sigma(A, B, C, D)$ が可観測であるための必要十分条件は $\chi_{\bar{o}} = \{0\}$，すなわち

$$\text{rank} \begin{bmatrix} C \\ CA \\ CA^2 \\ \vdots \\ CA^{n-1} \end{bmatrix} = n \tag{2.55}$$

である。   □

可制御部分空間 χ_c の次元を n_c，不可観測部分空間 $\chi_{\bar{o}}$ の次元を $n_{\bar{o}}$ とする。定理より，$\sum(A, B, C, D)$ が可制御でないときは $n_c < n$ であり，可観測でないときは $n_{\bar{o}} > 0$ である。

線形時不変システム $\sum(A, B, C, D)$ の状態空間 R^n をつぎのように四つの部分空間に直和分割することを考える。

$$R^n = \chi_1 \oplus \chi_2 \oplus \chi_3 \oplus \chi_4 \tag{2.56}$$

ここで，$\chi_1 = \chi_c \cap \chi_{\bar{o}}$ であり，χ_2，χ_3 は

$$\chi_c = \chi_1 \oplus \chi_2, \quad \chi_{\bar{o}} = \chi_1 \oplus \chi_3$$

が成り立つように定める†。部分空間 χ_i の次元を n_i とすれば ($i = 1, 2, 3, 4$)，それらの間に

$$n_2 = n_c - n_1, \quad n_3 = n_{\bar{o}} - n_1, \quad n_4 = n - (n_1 + n_2 + n_3)$$

の関係が成り立つ。

定義から明らかなように，可制御部分空間 χ_c と不可観測部分空間 $\chi_{\bar{o}}$ については $A\chi_c \subset \chi_c$，$A\chi_{\bar{o}} \subset \chi_{\bar{o}}$ という性質がある。この性質を利用すると，上述の四つの部分空間については

$$A\chi_1 \subset \chi_1, \quad A\chi_2 \subset \chi_c = \chi_1 \oplus \chi_2, \quad A\chi_3 \subset \chi_{\bar{o}} = \chi_1 \oplus \chi_3, \quad A\chi_4 \subset R^n \tag{2.57}$$

が成り立つことになる。

そこで，線形時不変システム $\sum(A, B, C, D)$ の状態変数 $x(t)$ を新しい状態変数

---

† 部分空間 χ_4 は，χ_1，χ_2，χ_3 の決定の後，式 (2.56) を満たすように決定される。部分空間 χ_1 はただ一つに決定されるが，χ_2，χ_3，χ_4 は唯一でない。

$$\tilde{x}(t) = \begin{bmatrix} \tilde{x}_1(t) \\ \tilde{x}_2(t) \\ \tilde{x}_3(t) \\ \tilde{x}_4(t) \end{bmatrix}, \quad \tilde{x}_i(t) \in \chi_1 \,;\, i = 1,\, 2,\, 3,\, 4$$

に相似変換すると，つぎの定理を得る．

【定理 2.6】（カルマンの正準構造定理） 線形時不変システム $\Sigma(A,\, B,\, C,\, D)$ は $\tilde{\Sigma}(\tilde{A},\, \tilde{B},\, \tilde{C},\, \tilde{D})$ に相似である．ただし

$$\begin{cases} \tilde{A} = \begin{bmatrix} A_{11} & A_{12} & A_{13} & A_{14} \\ 0 & A_{22} & 0 & A_{24} \\ 0 & 0 & A_{33} & A_{34} \\ 0 & 0 & 0 & A_{44} \end{bmatrix},\ \tilde{B} = \begin{bmatrix} B_1 \\ B_2 \\ 0 \\ 0 \end{bmatrix} \\ \tilde{C} = \begin{bmatrix} 0 & C_2 & 0 & C_4 \end{bmatrix},\ \tilde{D} = D \end{cases} \quad (2.58)$$

であり，$A_{ij} \in R^{n_i \times n_j}$, $B_i \in R^{n_i \times m}$, $C_i \in R^{r \times n_i}$ である．さらに，線形時不変システム $\tilde{\Sigma}(\tilde{A},\, \tilde{B},\, \tilde{C},\, \tilde{D})$ のサブシステムである $\Sigma_2(A_{22},\, B_2,\, C_2,\, D)$ は可制御かつ可観測である． □

定理で示された線形時不変システム $\tilde{\Sigma}(\tilde{A},\, \tilde{B},\, \tilde{C},\, \tilde{D})$ は，四つのサブシステム

$$\begin{cases} \Sigma_1(A_{11},\, B_1,\, 0,\, 0): \text{可制御かつ不可観測} \\ \Sigma_2(A_{22},\, B_2,\, C_2,\, D): \text{可制御かつ可観測} \\ \Sigma_3(A_{33},\, 0,\, 0,\, 0): \text{不可制御かつ不可観測} \\ \Sigma_4(A_{44},\, 0,\, C_4,\, 0): \text{不可制御かつ可観測} \end{cases}$$

が $A_{i,j}\,(i \neq j)$ で結合されたシステムであることを理解することは容易である．しかも

$\hat{G}_{\tilde{\Sigma}}(s): \tilde{\Sigma}(\tilde{A},\, \tilde{B},\, \tilde{C},\, \tilde{D})$ の伝達関数行列

$\hat{G}_{\Sigma_2}(s): \Sigma_2(A_{22},\, B_2,\, C_2,\, D)$ の伝達関数行列

とすれば，簡単な計算から，$\hat{G}_{\tilde{\Sigma}}(s) = \hat{G}_{\Sigma_2}(s)$ を確認できる（**図 2.7** 参照）．

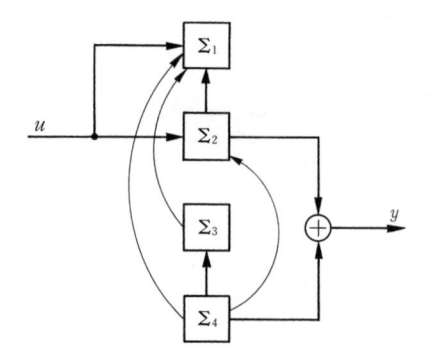

図 2.7 カルマンの正準構造

定理 2.4 と定理 2.6 から，線形時不変システム $\Sigma(A, B, C, D)$ は，一般に，可制御性および可観測性に関して上述のような性質をもつ四つのサブシステムから構成されており，線形時不変システムの入出力関係を表す伝達関数行列 $\hat{G}_\Sigma(s)$ は可制御かつ可観測なサブシステムだけの特性を表現したものであることがわかった。

2.6.2 最 小 実 現

伝達関数行列 $\hat{G}(s)$ に対して，$\hat{G}(s)$ を伝達関数行列とする線形時不変システム $\Sigma(A, B, C, D)$ は $\hat{G}(s)$ の**実現** (realization) とよばれる。定理 2.4 および定理 2.6 から，$\hat{G}(s)$ の実現は無数に存在する。$\hat{G}(s)$ のすべての実現から成る集合を $\mathcal{R}_{\hat{G}}$ と記述する。すなわち

$$\mathcal{R}_{\hat{G}} = \{\Sigma(A, B, C, D) | C(sI - A)^{-1}B + D = \hat{G}(s)\} \qquad (2.59)$$

である。

実現 $\Sigma(A, B, C, D)$ の状態変数 $x(t)$ の次元を n_Σ と書くことにし

$$n_{\hat{G}} = \min\{n_\Sigma | \Sigma(A, B, C, D) \in \mathcal{R}_{\hat{G}}\} \qquad (2.60)$$

と定義する。$n_\Sigma = n_{\hat{G}}$ である実現 $\Sigma(A, B, C, D) \in \mathcal{R}_{\hat{G}}$ は，$\hat{G}(s)$ の**最小実現** (minimal realization) とよばれる。$\hat{G}(s)$ のすべての最小実現の集合を $\mathcal{MR}_{\hat{G}}$ と記述する。すなわち

$$\mathcal{MR}_{\hat{G}} = \{\Sigma(A, B, C, D) \in \mathcal{R}_{\hat{G}} | n_\Sigma = n_{\hat{G}}\} \qquad (2.61)$$

である（図 2.8 参照）。

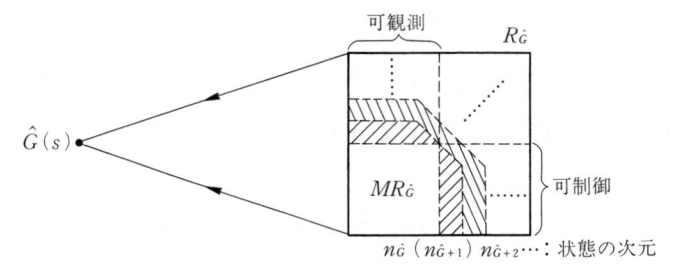

2.6 線形時不変システムの基本構造と実現問題

図 2.8 実現と最小実現

つぎの定理は，最小実現の有する性質を明らかにしたものである。

【定理 2.7】 伝達関数行列 $\hat{G}(s)$ とその最小実現の集合 $\mathcal{MR}_{\hat{G}}$ について，以下の事柄が成り立つ。

(1) $\Sigma(A, B, C, D) \in \mathcal{MR}_{\hat{G}}$ であるための必要十分条件は $\Sigma(A, B, C, D)$ が可制御かつ可観測であることである。

(2) $\Sigma(A, B, C, D), \widetilde{\Sigma}(\tilde{A}, \tilde{B}, \tilde{C}, \tilde{D}) \in \mathcal{MR}_{\hat{G}}$ ならば，$\Sigma(A, B, C, D)$ と $\widetilde{\Sigma}(\tilde{A}, \tilde{B}, \tilde{C}, \tilde{D})$ は互いに相似である。　　□

【証明】

(1) について：必要性はカルマンの正準構造定理（定理 2.6）より明らかである。

十分性は「$\Sigma(A, B, C, D) \in \mathcal{R}_{\hat{G}}$ が可制御かつ可観測であるが，$\Sigma(A, B, C, D) \notin \mathcal{MR}_{\hat{G}}$」という命題から矛盾を導き出すことで証明される。

$\widetilde{\Sigma}(\tilde{A}, \tilde{B}, \tilde{C}, \tilde{D}) \in \mathcal{MR}_{\hat{G}}$ とする。$\Sigma(A, B, C, D)$ の状態変数の次元を n，$\widetilde{\Sigma}(\tilde{A}, \tilde{B}, \tilde{C}, \tilde{D})$ の状態変数の次元を $\tilde{n}$ とすれば，$\tilde{n} < n$ である。なお，定理の必要性から，$\widetilde{\Sigma}(\tilde{A}, \tilde{B}, \tilde{C}, \tilde{D})$ は可制御かつ可観測であることに注意する。

$\Sigma(A, B, C, D)$，$\widetilde{\Sigma}(\tilde{A}, \tilde{B}, \tilde{C}, \tilde{D})$ はともに伝達関数行列 $\hat{G}(s)$ の実現であるから，$\hat{G}(s)$ は

$$\hat{G}(s) = C(sI_n - A)^{-1}B + D = D + \sum_{i=1}^{\infty} CA^{i-1}Bs^{-i}$$

$$\hat{G}(s) = \tilde{C}(sI_{\tilde{n}} - \tilde{A})^{-1}\tilde{B} + \tilde{D} = \tilde{D} + \sum_{i=1}^{\infty} \tilde{C}\tilde{A}^{i-1}\tilde{B}s^{-i}$$

のように2通りに表現される。したがって,

$$\tilde{D} = D, \quad \tilde{C}\tilde{A}^{i-1}\tilde{B} = CA^{i-1}B \quad \text{for } i = 1, 2 \cdots \tag{2.62}$$

なる関係が成り立つ。ここで

$$\begin{cases} V = [B \quad AB \cdots A^{n-1}B], \quad \tilde{V} = [\tilde{B} \quad \tilde{A}\tilde{B} \cdots \tilde{A}^{n-1}\tilde{B}] \\ W = \begin{bmatrix} C \\ CA \\ \vdots \\ CA^{n-1} \end{bmatrix}, \quad \tilde{W} = \begin{bmatrix} \tilde{C} \\ \tilde{C}\tilde{A} \\ \vdots \\ \tilde{C}\tilde{A}^{n-1} \end{bmatrix} \end{cases} \tag{2.63}$$

を定義し,$H_n = WV$,$\tilde{H}_n = \tilde{W}\tilde{V}$ とすれば,式(2.62)より,$\tilde{H}_n = H_n$ であるから,rank $\tilde{H}_n$ = rank H_n である。

ところが,$\Sigma(A, B, C, D)$ は可制御かつ可観測であるので,定理2.5から rank V = rank W = n であり,したがって,rank H_n = n である。同様に,rank $\tilde{V}$ = rank $\tilde{W}$ = $\tilde{n}$ であり,rank $\tilde{H}_n$ = $\tilde{n}$ である。ここで,$\tilde{n} < n$ を思い出すと,rank $\tilde{H}_n$ = rank H_n に矛盾することになる。

(2)について:$\Sigma(A, B, C, D)$,$\tilde{\Sigma}(\tilde{A}, \tilde{B}, \tilde{C}, \tilde{D}) \in \mathcal{MR}_{\hat{G}}$ であるので,状態変数の次元はともに n とする。また,定理の(1)から $\Sigma(A, B, C, D)$,$\tilde{\Sigma}(\tilde{A}, \tilde{B}, \tilde{C}, \tilde{D})$ はともに可制御かつ可観測である。

$\Sigma(A, B, C, D)$,$\tilde{\Sigma}(\tilde{A}, \tilde{B}, \tilde{C}, \tilde{D})$ はともに $\hat{G}(s)$ の実現であるので式(2.62)が成り立ち,したがって,式(2.63)で定義された行列 V,$\tilde{V}$,W,$\tilde{W}$ について

$$WV = \tilde{W}\tilde{V}, \quad WAV = \tilde{W}\tilde{A}\tilde{V}, \quad WB = \tilde{W}\tilde{B}, \quad CV = \tilde{C}\tilde{V} \tag{2.64}$$

が成り立つ。また,$\Sigma(A, B, C, D)$,$\tilde{\Sigma}(\tilde{A}, \tilde{B}, \tilde{C}, \tilde{D})$ はともに可制御かつ可観測なので,VV^T,$\tilde{V}\tilde{V}^T$,W^TW,$\tilde{W}^T\tilde{W} \in R^{n \times n}$ はすべて正則行列である。

ここで

$$Q = V\tilde{V}^T(\tilde{V}\tilde{V}^T)^{-1}$$

と定義すれば，$Q^{-1} = (\widetilde{W}^T\widetilde{W})^{-1}\widetilde{W}^T W$ であることが式(2.64)より容易に確認できる．つまり，$Q \in R^{n \times n}$ は正則行列である．しかも

$$Q^{-1}AQ = (\widetilde{W}^T\widetilde{W})^{-1}\widetilde{W}^T W A V \widetilde{V}^T (\widetilde{V}\widetilde{V}^T)^{-1}$$
$$= (\widetilde{W}^T\widetilde{W})^{-1}\widetilde{W}^T\widetilde{W}\widetilde{A}\widetilde{V}\widetilde{V}^T(\widetilde{V}\widetilde{V}^T)^{-1} = \widetilde{A}$$
$$Q^{-1}B = (\widetilde{W}^T\widetilde{W})^{-1}\widetilde{W}^T W B = (\widetilde{W}^T\widetilde{W})^{-1}\widetilde{W}^T\widetilde{W}\widetilde{B} = \widetilde{B}$$
$$CQ = CV\widetilde{V}^T(\widetilde{V}\widetilde{V}^T)^{-1} = \widetilde{C}\widetilde{V}\widetilde{V}^T(\widetilde{V}\widetilde{V}^T)^{-1} = \widetilde{C}$$

である．各式の第2等式で式(2.64)を用いた．したがって，$\Sigma(A, B, C, D)$ と $\widetilde{\Sigma}(\widetilde{A}, \widetilde{B}, \widetilde{C}, \widetilde{D})$ は互いに相似である． □

演 習 問 題

【1】 時間の集合 $\mathcal{T} = R_+$ 上で定義されたつぎの信号 f は $\mathcal{L}_2(R_+, R)$ に属するかどうか確かめよ．

(a) $f(t) = 1$ (b) $f(t) = e^{-t}$ (c) $f(t) = \dfrac{1}{1+t}\dfrac{1+t^{1/4}}{t^{1/4}}$

【2】 図2.9(a)のインパルス応答 $G(t)$ をもつ線形時不変システムに図(b)の入力 $u(t)$ を印加したときの出力 $y(t)$ を図示せよ．

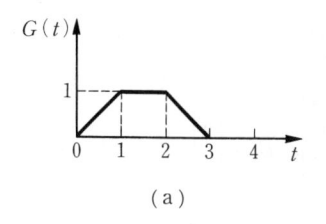

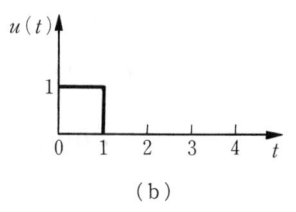

図2.9

【3】 複素数の信号 $z(t)$ に関する常微分方程式

$$\dot{z}(t) = g(t)z(t)$$

を考える．ただし，$g(t)$ も複素数の信号である．以下の問いに答えよ．

(a) $z(t) = x_1(t) + jx_2(t)$, $g(t) = a(t) + jb(t)$（ただし，$x_1(t), x_2(t), a(t), b(t) \in R$）と成分表示すると，上の常微分方程式は

$$\dot{x}(t) = A(t)x(t), \quad x(t) = \begin{bmatrix} x_1(t) \\ x_2(t) \end{bmatrix}; A(t) = \begin{bmatrix} a(t) & -b(t) \\ b(t) & a(t) \end{bmatrix}$$

と記述できることを確かめよ。

(b) 上の結果を利用して，$A(t)$ の状態遷移行列 $\Phi(t, t_0)$ が

$$\Phi(t, t_0) = e^{\alpha(t, t_0)} \begin{bmatrix} \cos \beta(t, t_0) & -\sin \beta(t, t_0) \\ \sin \beta(t, t_0) & \cos \beta(t, t_0) \end{bmatrix}$$

ただし，$\alpha(t, t_0) = \int_{t_0}^{t} a(\tau) d\tau, \ \beta(t, t_0) = \int_{t_0}^{t} b(\tau) d\tau$

で与えられることを示せ。

【4】 状態遷移行列 $\Phi(t, t_0)$ の性質(2.30)を利用して，状態方程式(2.27)の解が式(2.31)で与えられることを証明せよ。

【5】 線形時不変システム $\Sigma(A, B, C, D)$ のインパルス応答 $G(t)$ および伝達関数 $\hat{G}(s)$ を求めよ。ただし

$$A = \begin{bmatrix} 0 & 1 \\ -2 & -3 \end{bmatrix}, \ B = \begin{bmatrix} 0 \\ 1 \end{bmatrix}, \ C = [3 \ 2], \ D = 0$$

【6】 線形時不変システム $\Sigma(A, B, C, D)$ について，以下の問いに答えよ。ただし

$$A = \begin{bmatrix} 2 & 0 & 3 & 0 \\ 1 & 1 & -1 & -1 \\ 0 & 0 & 4 & 0 \\ 0 & 0 & 1 & 3 \end{bmatrix}, \ B = \begin{bmatrix} 1 \\ 1 \\ 0 \\ 0 \end{bmatrix}$$

$C = [1 \ 0 \ -1 \ 0], \ D = 0$

(a) 定理2.6に従って正準構造に分解し，可制御かつ可観測なサブシステム Σ_2 を求めよ。

(b) Σ と Σ_2 の伝達関数が等しいことを確認せよ。

【7】 伝達関数 $G(s) = 2/(s^2 + 3s + 2)$ の最小実現として，二つの実現

$$\Sigma(A, B, C, D) : A = \begin{bmatrix} 0 & 1 \\ -2 & -3 \end{bmatrix}, \ B = \begin{bmatrix} 0 \\ 1 \end{bmatrix}, \ C = [2 \ 0], \ D = 0$$

$$\tilde{\Sigma}(\tilde{A}, \tilde{B}, \tilde{C}, \tilde{D}) : \tilde{A} = \begin{bmatrix} -1 & 0 \\ 0 & -2 \end{bmatrix}, \ \tilde{B} = \begin{bmatrix} 2 \\ 1 \end{bmatrix}, \ \tilde{C} = [1 \ -2],$$

$\tilde{D} = 0$

がある。これらの相似変換の行列 Q を求めよ。

3 システムのモデリング

現実の物理現象は電気，機械，流体，熱などの諸現象が複雑に絡み合ったものであり，そのような物理システムを厳密にモデリングすることは一般に大変難しい問題である．この章では，現実の物理システムの本質を見失わない程度に物理現象を巨視的にとらえるモデリングの方法を示す．最初に，電気系，機械系，流体系，熱系などの諸物理システムの構成要素の理想特性を明らかにし，続いて諸物理システム間にある種の興味深いアナロジーが存在することを示す．最後に，このアナロジー対応に基づいて，物理システムを等価電気回路で表現し，状態方程式表現することを学ぶ．

3.1 諸物理システムの構成要素

ここでは，電気系，機械系，流体系，熱系の諸物理システムの構成要素とその理想特性を示す．

3.1.1 電 気 系

コンデンサ，コイル，電気抵抗などの電気的要素から構成された電気系をモデリングし，その挙動を理解するためには，電気的要素を理想的な電気素子で近似表現し，電気回路を構成することが有効である．

電気的物理量としては電荷（単位はクーロン〔$C(=A \cdot s)$〕），電流（単位はアンペア〔A〕），磁束（単位はウェーバ〔$Wb(=V \cdot s)$〕），電圧（単位はボルト〔$V(=J/C)$〕）などがあるが，電気素子の特性を表現するための入力信号と

出力信号は，通常，電圧と電流が用いられる。電荷 $q(t)$ と電流 $i(t)$，磁束 $\lambda(t)$ と電圧 $e(t)$ の関係は

$$i(t) = \frac{d}{dt}q(t), \quad e(t) = \frac{d}{dt}\lambda(t) \tag{3.1}$$

であることに注意する。

素子に蓄えられる電荷 $q(t)$ が端子間電圧 $e_{21}(t) = e_2(t) - e_1(t)$ の関数として与えられる素子を**キャパシタ** (capacitor) とよぶ（**図 3.1**）。電気抵抗を無視したコンデンサなどはキャパシタの例である。特に，電荷と電圧が比例関係 $q(t) = Ce_{21}(t)$ にあるものを**理想キャパシタ** (ideal capacitor) とよぶ。したがって，理想キャパシタの特性は素子を流れる電流 $i(t)$ と端子間電圧 $e_{21}(t)$ を用いて

$$i(t) = C\frac{d}{dt}e_{21}(t) \tag{3.2}$$

と記述される。ここで，定数 C はキャパシタンス（単位はファラド〔F($=$C/V)〕）とよばれる。

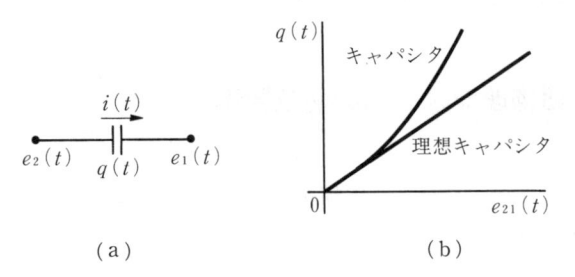

図 3.1　キャパシタ

端子間磁束 $\lambda_{21}(t) = \lambda_2(t) - \lambda_1(t)$ が素子を通過する電流 $i(t)$ の関数で与えられる素子を**インダクタ** (inductor) とよぶ（**図 3.2**）。電気抵抗を無視したコイルなどはインダクタの例である。特に，磁束と電流が比例関係 $\lambda_{21}(t) = Li(t)$ にあるものを**理想インダクタ** (ideal inductor) とよぶ。したがって，理想インダクタの特性は端子間電圧 $e_{21}(t)$ と通過電流 $i(t)$ を用いて

$$e_{21}(t) = L\frac{d}{dt}i(t) \tag{3.3}$$

3.1 諸物理システムの構成要素　　41

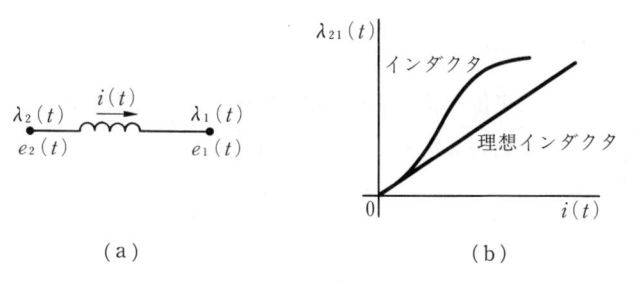

(a)　　　　　　　　　　　(b)

図 3.2　インダクタ

で記述される．ここで，定数 L はインダクタンス（単位はヘンリー〔H(=Wb/A)〕）とよばれる．

通過電流 $i(t)$ が端子間電圧 $e_{21}(t)$ の関数で与えられる素子を**抵抗器**（resistor）とよぶ（**図 3.3**）．特に，電流と電圧が比例関係にあるものを**理想抵抗器**（ideal resistor）とよぶ．すなわち

$$i(t) = \frac{1}{R} e_{21}(t) \tag{3.4}$$

である．ここで，定数 R はレジスタンス（単位はオーム〔Ω(=V/A)〕）とよばれる．

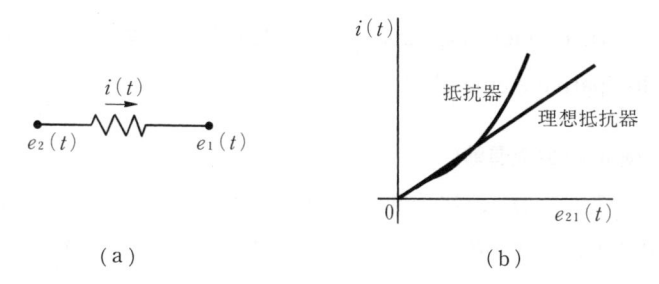

(a)　　　　　　　　　　　(b)

図 3.3　抵 抗 器

理想抵抗器では毎秒

$$P(t) = e_{21}(t)i(t) = Ri(t)^2 \tag{3.5}$$

だけの電力（単位はワット〔W(=J/s)〕）が消費され，時刻 t_1 から t_2 の間には

$$W = \int_{t_1}^{t_2} P(t)dt \tag{3.6}$$

だけのエネルギー（単位はジュール〔J(=N・m)〕）が消費される。

理想キャパシタで消費されるエネルギーは

$$W = \int_{t_1}^{t_2} e_{21}(t)i(t)dt = \int_{t_1}^{t_2} Ce_{21}(t)\frac{de_{21}(t)}{dt}dt$$

$$= \frac{1}{2}Ce_{21}(t_2)^2 - \frac{1}{2}Ce_{21}(t_1)^2$$

と計算される。したがって，$e_{21}(t_2) = e_{21}(t_1)$ の場合には消費エネルギー $W = 0$ となる。このように，理想キャパシタではエネルギー消費がなく

$$E_e(t) = \frac{1}{2}Ce_{21}(t)^2 = \frac{1}{2}\frac{q(t)^2}{C} \tag{3.7}$$

という静電エネルギーの形でエネルギーが蓄積されることになる。同様のことが理想インダクタにも成り立ち，エネルギーは

$$E_m(t) = \frac{1}{2}Li(t)^2 = \frac{1}{2}\frac{\lambda_{21}(t)^2}{L} \tag{3.8}$$

という電磁エネルギーの形で蓄積される。

このことから，理想キャパシタと理想インダクタは**エネルギー蓄積要素** (energy storage element) とよばれ，理想抵抗器は**エネルギー損失要素** (energy dissipative element) とよばれる。

3.1.2 機械系（並進運動）

機械系の運動は一般に三次元空間内の並進運動と回転運動から成るが，ここでは簡単のため，一次元運動のみを考え，並進運動と回転運動を分けて議論する。

並進運動の物理量としては変位（単位は〔m〕），速度（単位は〔m/s〕），運動量（単位は〔Ns〕），力（単位はニュートン〔N(=kg・m/s²)〕）などがあるが，機械素子の特性を表現するための入力信号と出力信号は，通常，速度と力が用いられる。変位 $x(t)$ と速度 $v(t)$，運動量 $p(t)$ と力 $f(t)$ の関係は

3.1 諸物理システムの構成要素

$$v(t) = \frac{d}{dt}x(t), \quad f(t) = \frac{d}{dt}p(t) \tag{3.9}$$

である.

素子の運動量 $p(t)$ が慣性座標からの相対速度 $v_{21}(t) = v_2(t) - v_1(t)$ の関数として与えられる素子を**マス** (mass) とよぶ (**図3.4**). 典型的な例は摩擦のない質点の運動である. 特に, 運動量と速度が比例関係 $p(t) = Mv_{21}(t)$ にあるものを**理想マス** (ideal mass) とよぶ. したがって, 理想マスの特性は, 力 $f(t)$ と相対速度 $v_{21}(t)$ を用いて

$$f(t) = M\frac{d}{dt}v_{21}(t) \tag{3.10}$$

と記述される. ここで, 定数 M は質量 (単位は 〔kg〕) とよばれる.

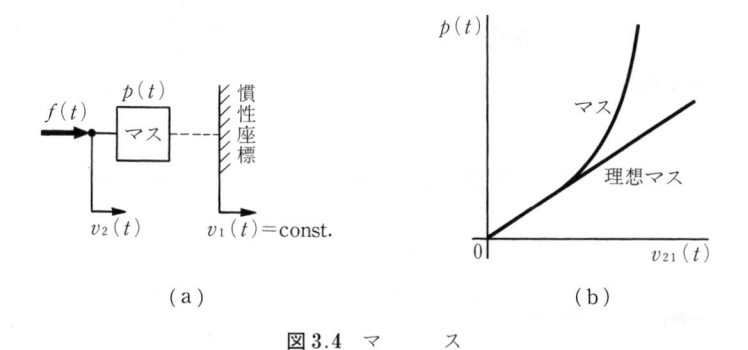

図3.4 マ ス

素子の端子間長の変化 $x_{21}(t)$ が加えられる力 $f(t)$ の関数で与えられる素子を**ばね** (spring) とよぶ (**図3.5**). 典型的な例は質量を無視したコイルばねである. 特に, 端子間長変化と力が比例関係 $x_{21}(t) = f(t)/K$ にあるものを**理想ばね** (ideal spring) とよぶ. 端子間長変化 $x_{21}(t)$ と端子間速度差 $v_{21}(t) = v_2(t) - v_1(t)$ との間には $(d/dt)x_{21}(t) = v_{21}(t)$ の関係があるので, 理想ばねの特性は

$$v_{21}(t) = \frac{1}{K}\frac{d}{dt}f(t) \tag{3.11}$$

で記述される. ここで, 定数 K はばね定数 (単位は 〔N/m〕) あるいはスチ

(a)　　　　　　　　　　　(b)

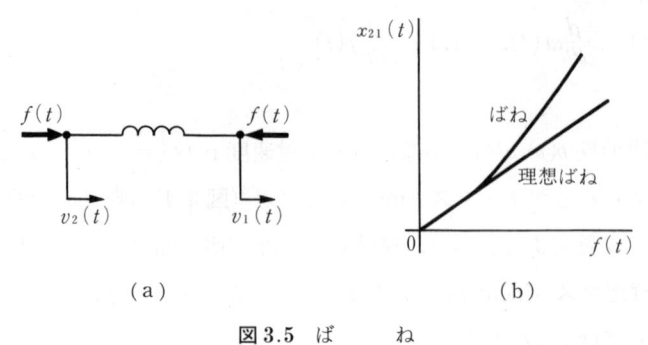

図 3.5　ば　　ね

フネス，その逆数 $1/K$ はコンプライアンス（単位は〔m/N〕）とよばれる．

　素子に加えられる力 $f(t)$ が端子間速度差 $v_{21}(t)$ の関数で与えられる素子を**ダンパ**（damper）とよぶ（**図 3.6**）．例えば，静止摩擦やクーロン摩擦などが挙げられる．特に，粘性摩擦のように力と速度が比例関係にあるものを**理想ダンパ**（ideal damper）とよぶ．すなわち

$$f(t) = Dv_{21}(t) \tag{3.12}$$

である．ここで，定数 D は減衰係数（単位は〔N·s/m〕）とよばれる．

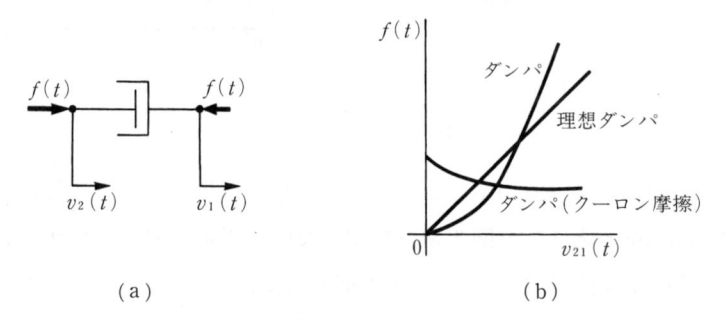

(a)　　　　　　　　　　　(b)

図 3.6　ダ　ン　パ

理想ダンパでは毎秒

$$P(t) = f(t)v_{21}(t) = Dv_{21}(t)^2 \tag{3.13}$$

だけの仕事率（単位は〔W〕）が消費され，時刻 t_1 から t_2 の間には $W = \int_{t_1}^{t_2} P(t)dt$ だけのエネルギー（単位は〔J〕）が消費される．

理想マスで消費されるエネルギーは

$$W = \int_{t_1}^{t_2} f(t) v_{21}(t) dt = \int_{t_1}^{t_2} M v_{21}(t) \frac{dv_{21}(t)}{dt} dt$$
$$= \frac{1}{2} M v_{21}(t_2)^2 - \frac{1}{2} M v_{21}(t_1)^2$$

と計算される．したがって，$v_{21}(t_2) = v_{21}(t_1)$ の場合には消費エネルギー $W = 0$ となる．このように，理想マスではエネルギー消費がなく

$$E_k(t) = \frac{1}{2} M v_{21}(t)^2 = \frac{1}{2} \frac{p(t)^2}{M} \tag{3.14}$$

という運動エネルギーの形でエネルギーが蓄積されることになる．同様のことが理想ばねにも成り立ち，エネルギーは

$$E_p(t) = \frac{1}{2} \frac{f(t)^2}{K} = \frac{1}{2} K x_{21}(t)^2 \tag{3.15}$$

という位置エネルギーで蓄積される．

このことから，理想マスと理想ばねは**エネルギー蓄積要素**であり，理想ダンパは**エネルギー損失要素**である．

3.1.3 機械系(回転運動)

回転運動の物理量としては角度（単位はラジアン〔rad〕），角速度（単位は〔rad/s〕），角運動量（単位は〔N・m・s〕），トルク（単位は〔N・m〕）などがあるが，機械素子の特性を表現するための入力信号と出力信号は，通常，角速度とトルクが用いられる．角度 $\theta(t)$ と角速度 $\omega(t)$，角運動量 $h(t)$ とトルク $\tau(t)$ の関係は

$$\omega(t) = \frac{d}{dt} \theta(t), \quad \tau(t) = \frac{d}{dt} h(t) \tag{3.16}$$

である．

素子の角運動量 $h(t)$ が慣性座標からの相対角速度 $\omega_{21}(t) = \omega_2(t) - \omega_1(t)$ の関数として与えられる素子を**イナーシャ** (inertia) とよぶ（**図 3.7**）．特に，角運動量と角速度が比例関係 $h(t) = J\theta_{21}(t)$ にあるものを**理想イナーシャ** (ideal inertia) とよぶ．したがって，理想イナーシャの特性は，トルク $\tau(t)$

図3.7 イナーシャ

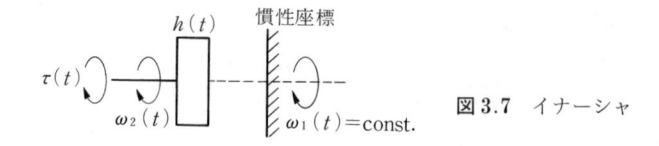

と相対角速度 $\omega_{21}(t)$ を用いて

$$\tau(t) = J\frac{d}{dt}\omega_{21}(t) \tag{3.17}$$

と記述される。ここで，定数 J は慣性モーメント（単位は〔kg·m²〕）とよばれる。

素子の端子間の角度変化 $\theta_{21}(t)$ が加えられるトルク $\tau(t)$ の関数で与えられる素子を**回転ばね**（rotational spring）とよぶ（**図 3.8**）。特に，端子間角度変化とトルクが比例関係 $\theta_{21}(t) = \tau(t)/K$ にあるものを**理想回転ばね**（ideal rotational spring）とよぶ。したがって，理想回転ばねの特性は

$$\omega_{21}(t) = \frac{1}{K}\frac{d}{dt}\tau(t) \tag{3.18}$$

で記述される。ここで，定数 K は回転ばね定数（単位は〔N·m/rad〕）あるいは回転スチフネス，その逆数 $1/K$ は回転コンプライアンス（単位は〔rda/(N·m)〕）とよばれる。

図3.8 回転ばね

素子に加えられるトルク $\tau(t)$ が端子間角速度差 $\omega_{21}(t)$ の関数で与えられる素子を**回転ダンパ**（rotational damper）とよぶ（**図 3.9**）。特に，トルクと角速度が比例関係にあるものを**理想回転ダンパ**（ideal rotational damper）とよぶ。すなわち

$$\tau(t) = B\omega_{21}(t) \tag{3.19}$$

図3.9 回転ダンパ

である．ここで，定数 B は減衰係数（単位は〔N・m・s/rad〕）とよばれる．

理想回転ダンパは**エネルギー損失要素**であり，理想イナーシャと理想回転ばねではエネルギーを消費することなく，それぞれ

$$E_k(t) = \frac{1}{2}J\omega_{21}(t)^2 = \frac{1}{2}\frac{h(t)^2}{J}, \quad E_p(t) = \frac{1}{2}\frac{\tau(t)^2}{K} = \frac{1}{2}K\theta_{21}(t)^2 \tag{3.20}$$

の形でエネルギーを蓄積する**エネルギー蓄積要素**である．

3.1.4 流　体　系

ここでは，液槽，管路，オリフィス，ピストンなどから構成された流体系を考える．簡単のため，流体は圧力によって体積が変動しない非圧縮性流体（例えば，水）のみを考える．

流体系の物理量としては体積流量（単位は〔m³〕），体積流（単位は〔m³/s〕），圧力運動量（単位は〔Pa・s〕），圧力（単位はパスカル〔Pa(=N/m²)〕）などがあるが，流体素子の特性を表現するための入力信号と出力信号は，通常，体積流と圧力が用いられる．体積流量 $V(t)$ と体積流 $q(t)$，圧力運動量 $\Gamma(t)$ と圧力 $p(t)$ の関係は

$$q(t) = \frac{d}{dt}V(t), \quad p(t) = \frac{d}{dt}\Gamma(t) \tag{3.21}$$

である．

素子に蓄えられる体積流量 $V(t)$ が端子間圧力 $p_{21}(t) = p_2(t) - p_1(t)$ の関数として与えられる素子を**流体キャパシタ**（fluid capacitor）とよぶ．特に，体積流量と圧力が比例関係 $V(t) = C_f p_{21}(t)$ にあるものを**理想流体キャパシタ**（ideal fluid capacitor）とよぶ．したがって，理想流体キャパシタの特性は，体積流 $q(t)$ と端子間圧力 $p_{21}(t)$ を用いて

$$q(t) = C_f \frac{d}{dt}p_{21}(t) \tag{3.22}$$

と記述される．ここで，定数 C_f は流体キャパシタンス（単位は〔m⁵/N〕）とよばれる．理想流体キャパシタの例としては液槽を挙げることができる（**図**

図 3.10 液　　槽

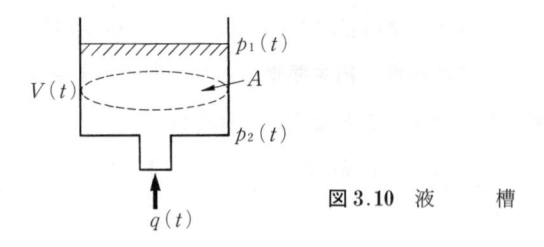

3.10)．液槽の断面積を $A[\text{m}^2]$，流体の比重を $\rho[\text{kg/m}^3]$，重力加速度を $g[\text{m/s}^2]$ とすると，力の釣合から，$p_{21}(t) = \rho g(V(t)/A)$ が成り立つ．したがって，流体キャパシタンス $C_f = A/\rho g$ である．

端子間圧力運動量 $\Gamma_{21}(t) = \Gamma_2(t) - \Gamma_1(t)$ が素子を通過する体積流 $q(t)$ の関数で与えられる素子を**流体インダクタ** (fluid inductor) とよぶ．特に，圧力運動量と体積流が比例関係 $\Gamma_{21}(t) = L_f q(t)$ にあるものを**理想流体インダクタ** (ideal fluid inductor) とよぶ．したがって，理想流体インダクタの特性は，端子間圧力 $p_{21}(t)$ と体積流 $q(t)$ を用いて

$$p_{21}(t) = L_f \frac{d}{dt} q(t) \tag{3.23}$$

で記述される．ここで，定数 L_f はイナータンス（単位は $[\text{kg/m}^4]$）とよばれる．理想流体インダクタの典型的な例は摩擦が無視できる管路内の流体の流れである（**図 3.11**）．管路の長さを $l[\text{m}]$，断面積を $a[\text{m}^2]$，流体の比重を $\rho[\text{kg/m}^3]$ とすれば，管路内の流体質量は $\rho l a[\text{kg}]$ であり，流速は $q(t)/a[\text{m/s}]$ である．また，この運動を引き起こす力は $a p_{21}(t)[\text{N}]$ である．したがって，運動方程式として，$a p_{21}(t) = \rho l a (d/dt)(q(t)/a)$ が成り立ち，イナータンス $L_f = \rho l/a$ を得る．

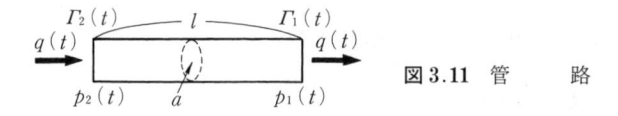

図 3.11 管　　路

体積流 $q(t)$ が端子間圧力 $p_{21}(t)$ の関数で与えられる素子を**流体抵抗器** (fluid resistor) とよぶ（**図 3.12**）．特に，体積流と圧力が比例関係にあるも

3.1 諸物理システムの構成要素

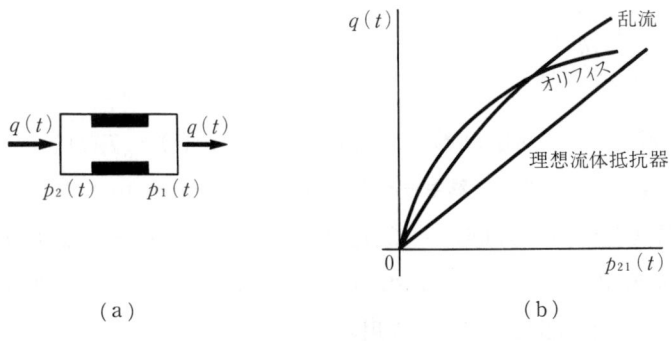

(a)　　　　　　　　　　(b)

図3.12　液体抵抗器

のを**理想流体抵抗器** (ideal fluid resistor) とよぶ。すなわち

$$q(t) = \frac{1}{R_f} p_{21}(t) \tag{3.24}$$

である。ここで，定数 R_f は液体抵抗（単位は〔N·s/m⁵〕）とよばれる。

理想液体抵抗器は**エネルギー損失要素**であり，理想流体キャパシタと理想流体インダクタは，エネルギーを消費することなく，それぞれ

$$E_p(t) = \frac{1}{2} C_f p_{21}(t)^2 = \frac{1}{2} \frac{V(t)^2}{C_f},$$

$$E_k(t) = \frac{1}{2} L_f q(t)^2 = \frac{1}{2} \frac{\Gamma_{21}(t)^2}{L_f} \tag{3.25}$$

の形でエネルギーを蓄積する**エネルギー蓄積要素**である。

3.1.5　熱　　系

壁面の熱伝達，フィンの熱放射，あるいは熱交換器などから構成される熱系を考える。

熱系の物理量としては熱量（単位は〔J〕），熱流（単位は〔J/s〕），温度（単位はケルビン〔K〕）などがあるが，熱系素子の特性を表現するための入力信号と出力信号は，通常，熱流 $q(t)$ と温度 $T(t)$ が用いられる。熱量 $Q(t)$ と熱流 $q(t)$ の関係は

$$q(t) = \frac{d}{dt}Q(t) \tag{3.26}$$

である．

　素子に蓄えられる熱量 $Q(t)$ が，端子間温度差 $T_{21}(t) = T_2(t) - T_1(t)$ の関数として与えられる素子を**熱キャパシタ** (thermal capacitor) とよぶ．特に，熱量と温度が比例関係 $Q(t) = C_t T_{21}(t)$ にあるものを，**理想熱キャパシタ** (ideal thermal capacitor) とよぶ．したがって，理想熱キャパシタの特性は，熱流 $q(t)$ と端子間温度差 $T_{21}(t)$ を用いて

$$q(t) = C_t \frac{d}{dt} T_{21}(t) \tag{3.27}$$

と記述される．ここで，定数 C_t は熱キャパシタンス（単位は〔J/K〕）とよばれる．理想熱キャパシタの典型的な例は，温度がつねに一様と考えられる個体への熱の流れである（図 3.13）．個体の質量を M〔kg〕，比熱を c〔J/(kg·K)〕とすれば，$Q(t) = cMT_{21}(t)$ が成り立つ．よって，熱キャパシタンス $C_t = cM$ である．

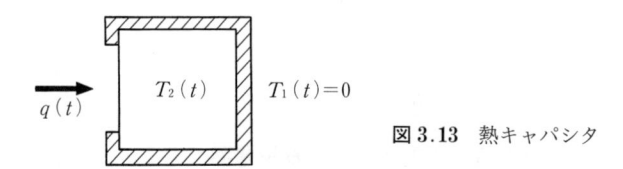

図 3.13 熱キャパシタ

　熱系では電気系のインダクタに対応する素子は知られていない．

　熱流 $q(t)$ が端子間温度差 $T_{21}(t)$ の関数で与えられる素子を**熱抵抗器** (thermal resistor) とよぶ．特に，熱流と温度が比例関係にあるものを**理想熱抵抗器** (ideal thermal resistor) とよぶ．すなわち

$$q(t) = \frac{1}{R_t} T_{21}(t) \tag{3.28}$$

である．

　ここで，定数 R_t は熱抵抗（単位は〔K·s/J〕）とよばれる．長さ l〔m〕，断面積 A〔m²〕，熱伝導率 σ〔J/(s·m·K)〕の物体を熱が伝達する場合を考える

図 3.14 熱抵抗器

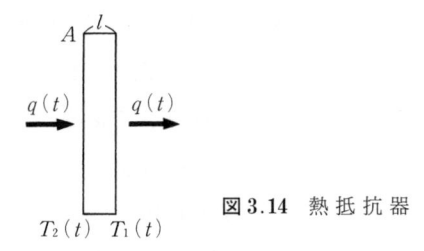

(図 3.14)。フーリエの熱伝導の法則から，$q(t)/A = \sigma(T_{21}(t)/l)$ となることが知られている。よって，熱抵抗 $R_t = l/\sigma A$ である。

理想熱抵抗器は**エネルギー損失要素**であり，理想熱キャパシタは，エネルギーを消費することなく，熱エネルギー

$$E_t(t) = C_t T_{21}(t) = Q(t) \tag{3.29}$$

としてエネルギーを蓄積する**エネルギー蓄積要素**である。

3.2 物理システムのアナロジー

前節では，電気系，機械系，流体系，熱系を考え，各系の物理量と構成要素の特性を述べた。いずれの物理システムにおいても，理想素子の特性は2種類の物理量の関係式で述べられた。例えば，電気系における物理量は電流と電圧であり，機械系（並進運動）における物理量は力と速度である。これら2種類の物理量の一方は素子の両端で同じ値をもち，他の物理量は素子の両端間の差の値である。前者を**通過変数**（through variable），後者を**横断変数**（across variable）とよぶ。このような観点から，各物理システムにおける2種類の物理量をまとめると**表 3.1**のようになる。

表 3.1 通過変数と横断変数

| | 電気系 | 機械系 | | 流体系 | 熱系 |
		並進	回転		
通過変数 （その時間積分）	電流 i （電荷 q）	力 f （運動量 p）	トルク τ （角運動量 h）	体積流 q （体積 V）	熱流 q （熱量 Q）
横断変数 （その時間積分）	電圧 e （磁束 λ）	速度 v （変位 x）	角速度 ω （角度 θ）	圧力 p （圧力運動量 Γ）	温度 T

また，構成要素としては2種類のエネルギー蓄積要素と1種類のエネルギー損失要素があった．例えば，電気系ではインダクタとキャパシタがエネルギー蓄積要素であり，抵抗器がエネルギー損失要素である．2種類のエネルギー蓄積要素は，蓄積されるエネルギー形態が通過変数の関数となるか，横断変数の関数になるかという違いがある．前者は**T型**，後者は**A型**とよばれる．このような観点から，各物理システムにおける3種類の構成要素をまとめると**表3.2**のようになる．

表3.2 構成要素のアナロジー対応（機械系はモビリティ類推）

		電気系	機械系 並進	機械系 回転	流体系	熱系
エネルギー蓄積要素（T型）	素子名	インダクタ	ばね	回転ばね	流体インダクタ	なし
	基礎式	$e = L\dfrac{d}{dt}i$ L:インダクタンス	$v = \dfrac{1}{K}\dfrac{d}{dt}f$ K:ばね定数	$\omega = \dfrac{1}{K}\dfrac{d}{dt}\tau$ K:回転ばね定数	$p = L_f\dfrac{d}{dt}q$ L_f:イナータンス	
	蓄積エネルギー形態	電磁エネルギー $\dfrac{1}{2}Li^2$	位置エネルギー $\dfrac{1}{2}\dfrac{f^2}{K}$	位置エネルギー $\dfrac{1}{2}\dfrac{\tau^2}{K}$	運動エネルギー $\dfrac{1}{2}L_f q^2$	
エネルギー蓄積要素（A型）	素子名	キャパシタ	マス	イナーシャ	流体キャパシタ	熱キャパシタ
	基礎式	$i = C\dfrac{d}{dt}e$ C:キャパシタンス	$f = M\dfrac{d}{dt}v$ M:質量	$\tau = J\dfrac{d}{dt}\omega$ J:慣性モーメント	$q = C_f\dfrac{d}{dt}p$ C_f:流体キャパシタンス	$q = C_t\dfrac{d}{dt}T$ C_t:熱キャパシタンス
	蓄積エネルギー形態	静電エネルギー $\dfrac{1}{2}Ce^2$	運動エネルギー $\dfrac{1}{2}Mv^2$	運動エネルギー $\dfrac{1}{2}J\omega^2$	位置エネルギー $\dfrac{1}{2}C_f p^2$	熱エネルギー $C_t T$
エネルギー損失要素	素子名	抵抗器	ダンパ	回転ダンパ	流体抵抗器	熱抵抗器
	基礎式	$i = \dfrac{1}{R}e$ R:抵抗	$f = Dv$ D:減衰係数	$\tau = B\omega$ B:減衰係数	$q = \dfrac{1}{R_f}p$ R_f:流体抵抗	$q = \dfrac{1}{R_t}T$ R_t:熱抵抗

異なる物理システム間の物理量の対応としては表3.1がただ一つのものではない．**表3.3**のように対応させることも可能である．この対応では，電流，速度，流量など，変化速度に関連する量を流れのイメージから**フロー**（flow）とよび，電圧，力，圧力など，力に関連する量を力のイメージから**エフォート**（effort）とよんでいる．**表3.4**はそのときの各物理システムにおける3種類

3.2 物理システムのアナロジー

表 3.3 フローとエフォート

	電気系	機械系		流体系	熱系
		並進	回転		
フロー (その時間積分)	電流 i (電荷 q)	速度 v (変位 x)	角速度 ω (角度 θ)	体積流 q (体積 V)	熱流 q (熱量 Q)
エフォート (その時間積分)	電圧 $e(t)$ (磁束 λ)	力 f (運動量 p)	トルク τ (角運動量 h)	圧力 p (圧力運動量 Γ)	温度 T

表 3.4 構成要素のアナロジー対応(機械系はインピーダンス類推)

		電気系	機械系		流体系	熱系
			並進	回転		
エネルギー蓄積要素 (I 素子)	素子名	インダクタ	マス	イナーシャ	流体インダクタ	なし
	基礎式	$e = L\dfrac{d}{dt}i$ L:インダクタンス	$f = M\dfrac{d}{dt}v$ M:質量	$\tau = J\dfrac{d}{dt}\omega$ J:慣性モーメント	$p = L_f\dfrac{d}{dt}q$ L_f:イナータンス	
	蓄積エネルギー形態	電磁エネルギー $\dfrac{1}{2}Li^2$	運動エネルギー $\dfrac{1}{2}Mv^2$	運動エネルギー $\dfrac{1}{2}J\omega^2$	運動エネルギー $\dfrac{1}{2}L_f q^2$	
エネルギー蓄積要素 (C 素子)	素子名	キャパシタ	ばね	回転ばね	流体キャパシタ	熱キャパシタ
	基礎式	$i = C\dfrac{d}{dt}e$ C:キャパシタンス	$v = \dfrac{1}{K}\dfrac{d}{dt}f$ K:ばね定数	$\omega = \dfrac{1}{K}\dfrac{d}{dt}\tau$ K:回転ばね定数	$q = C_f\dfrac{d}{dt}p$ C_f:流体キャパシタンス	$q = C_t\dfrac{d}{dt}T$ C_t:熱キャパシタンス
	蓄積エネルギー形態	静電エネルギー $\dfrac{1}{2}Ce^2$	位置エネルギー $\dfrac{1}{2}\dfrac{f^2}{K}$	位置エネルギー $\dfrac{1}{2}\dfrac{\tau^2}{K}$	位置エネルギー $\dfrac{1}{2}C_f p^2$	熱エネルギー $C_t T$
エネルギー損失要素 (R 素子)	素子名	抵抗器	ダンパ	回転ダンパ	流体抵抗器	熱抵抗器
	基礎式	$i = \dfrac{1}{R}e$ R:抵抗	$f = Dv$ D:減衰係数	$\tau = B\omega$ B:減衰係数	$q = \dfrac{1}{R_f}p$ R_f:流体抵抗	$q = \dfrac{1}{R_t}T$ R_t:熱抵抗

の構成要素をまとめたものである。電気系にちなんで,エネルギー蓄積要素を **I 素子**,**C 素子**,エネルギー損失要素を **R 素子**とよぶ。

表 3.1,表 3.2 のアナロジー対応と表 3.3,表 3.4 の相違点は機械系だけに生じている。機械系を表 3.1,表 3.2 の対応で考えることを**モビリティ類推**(mobility analogy)とよび,表 3.3,表 3.4 で考えることを**インピーダンス類推**(impedance analogy)とよんでいる。

さて,前節および本節のこれまでは各物理システムの構成要素としては 2 端

子素子のみを考えてきた．しかし，電気系を考えた場合，キャパシタ，インダクタ，抵抗器という2端子素子に加え，変成器，ジャイレータといった4端子素子を考える必要が出てくる．

入力端間電圧 $e_{21}(t) = e_2(t) - e_1(t)$，入力側電流 $i_a(t)$，出力端間電圧 $e_{43}(t) = e_4(t) - e_3(t)$，出力側電流 $i_b(t)$ の間に

$$\begin{bmatrix} e_{43}(t) \\ i_b(t) \end{bmatrix} = \begin{bmatrix} n & 0 \\ 0 & \dfrac{1}{n} \end{bmatrix} \begin{bmatrix} e_{21}(t) \\ i_a(t) \end{bmatrix} \qquad (3.30)$$

の関係が成り立つ素子を**理想変成器**（ideal transformer）とよぶ（図 3.15(a)）．ここで，定数 n は**変成比**（transformation ratio）とよばれる．理想変成器では，$e_{43}(t)i_b(t) = e_{21}(t)i_a(t)$ なので，エネルギーの蓄積も消費もなく，入力側の電力と出力側の電力がつねに等しいことに注意したい．理想変成器の典型的な例は磁束漏れのない変成器である（図 3.15(b)）．この場合，入力側のコイル巻数 N_a と出力側のコイル巻数 N_b の比 $n = N_b/N_a$ が変成比となる．

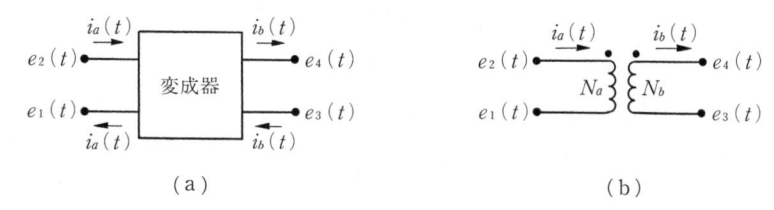

図 3.15 変成器

並進運動における理想変成器としては，摩擦のない支点回りで回転する質量のない剛体棒（レバー）を挙げることができる（図 3.16）．回転角 θ が小さいときは l_a, l_b が定数とみなされ，モビリティ類推の場合の変成比は $n = l_b/l_a$ であり，インピーダンス類推の場合はその逆数となる．回転運動における理想変成器の例はがたや摩擦のないギヤであり（図 3.17），モビリティ類推の場合の変成比はギヤ比 $n = N_a/N_b$，インピーダンス類推の場合はその逆数となる．流体系における理想変成器の典型的な例はピストンである（図 3.18）．変成比

図 3.16　レ　バ　ー

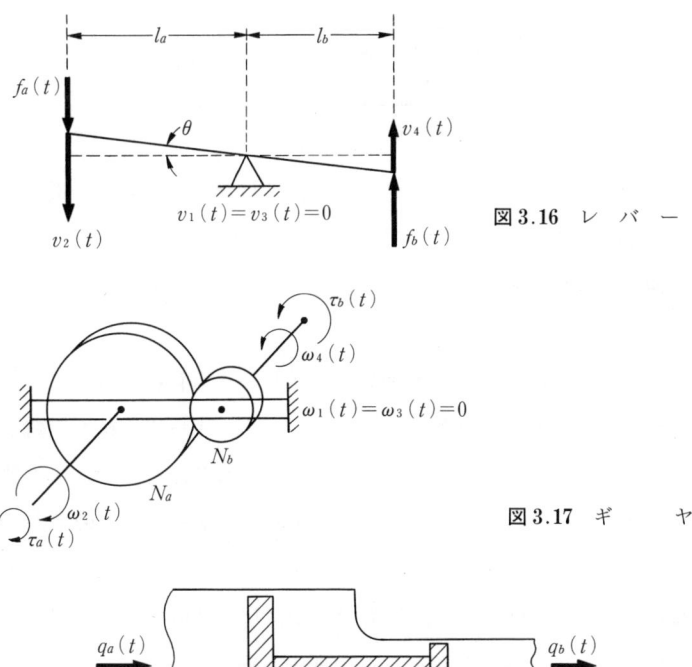

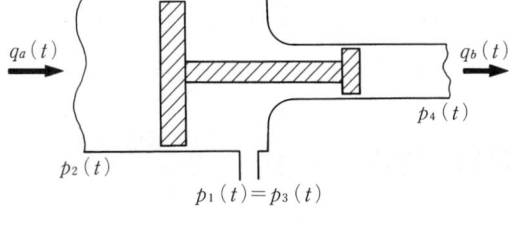

図 3.17　ギ　　　ヤ

図 3.18　ピ ス ト ン

は入力側ピストン面積 A_a と出力側ピストン面積 A_b との面積比 $n = A_a/A_b$ である。

　もう一つの 4 端子素子である**理想ジャイレータ**（ideal gyrator）は，電気系で述べれば，入出力間に

$$\begin{bmatrix} e_{43}(t) \\ i_b(t) \end{bmatrix} = \begin{bmatrix} 0 & r \\ \dfrac{1}{r} & 0 \end{bmatrix} \begin{bmatrix} e_{21}(t) \\ i_a(t) \end{bmatrix} \tag{3.31}$$

の関係が成り立つ素子のことである（**図 3.19**）。定数 r は**ジャイレーション比**（gyration ratio）（単位は〔Ω〕）とよばれる。理想ジャイレータにおいても，

図 3.19 ジャイレータ

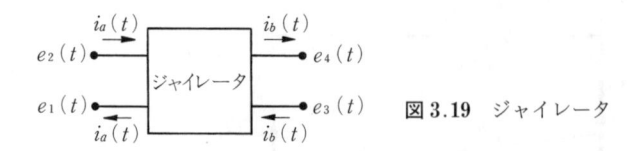

理想変成器同様,エネルギーの蓄積および消費はなく,入力側の電力と出力側の電力がつねに等しい。なお,表 3.1 あるいは表 3.3 の物理量の対応によって,並進運動,回転運動,流体系における理想ジャイレータを考えることができる。

熱系においては,理想変成器も理想ジャイレータも存在しないことに注意したい。実際,熱系における理想変成器とは,エネルギーの蓄積も消費もせず,温度と熱流の大きさを変換する素子ということになる。そこで,入力側と出力側の熱量を $Q_a(t)$, $Q_b(t)$ とすれば,熱量はエネルギーそのものであるから,「エネルギーの蓄積も消費もしない」ということになれば,$(d/dt)Q_a(t) = (d/dt)Q_b(t)$ でなければならず,熱流の変換は起こり得ないことになる。熱系における理想ジャイレータが存在しない理由も同様である。

3.3 等価電気回路と状態方程式

前節で述べた物理システムのアナロジー対応を利用すれば,機械系,流体系,熱系はすべて等価な電気系に変換することができる。

例えば,ばね定数 K,減衰係数 D,質量 M から成る図 3.20 の機械系において,左端から時刻 t とともに変化する力 $f(t)$ が作用したときの挙動を考えよう。図中の $v_1(t)$, $v_2(t)$, $v_3(t)$ は時刻 t における各点の速度である。表

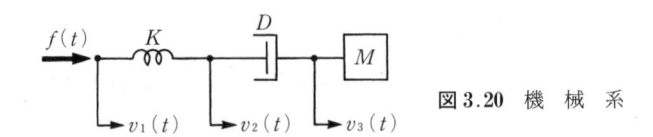

図 3.20 機 械 系

3.3 等価電気回路と状態方程式

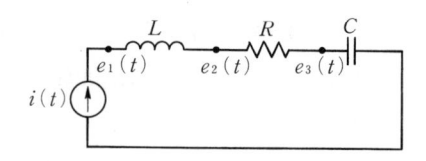

図 3.21 電 気 系

3.1，表 3.2 の対応（モビリティ類推）に従えば，この機械系は**図 3.21** に示された電気系と同じ挙動を示すことが容易に理解できる。ただし，インダクタンス $L = 1/K$，抵抗 $R = 1/D$，キャパシタンス $C = M$ とする。図中の電流源で発生させる電流 $i(t)$ を $i(t) = f(t)$ とすれば，各点における電圧 $e_1(t)$，$e_2(t)$，$e_3(t)$ は機械系の速度 $v_1(t)$，$v_2(t)$，$v_3(t)$ にそれぞれ一致することになる。

つぎに，断面積 a，長さ l の管路と断面積 A の水槽が流体抵抗 R_f で結合されている**図 3.22** の流体系を考えてみる。左端から体積流 $q(t)$ を流し込んだときの各点の圧力 $p_1(t)$，$p_2(t)$，$p_3(t)$ も図 3.21 の電気系の電圧 $e_1(t)$，$e_2(t)$，$e_3(t)$ と同じ挙動を示すことになる。ただし，$i(t) = q(t)$ とし，$L = L_f = \rho l/a$，$R = R_f$，$C = C_f = A/\rho g$ としている。ここで，ρ は液体の比重，g は重力加速度である。

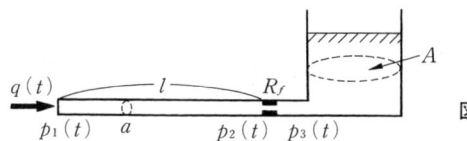

図 3.22 流 体 系

図 3.21 の電気系は図 3.20 の機械系および図 3.22 の流体系の**等価電気回路**とよばれる。このように，機械系，流体系，熱系の物理システムはすべて等価な電気回路で表現できる。

物理システムの挙動を定量的に把握し，解析する方法の一つとして 2 章で述べた状態方程式がある。機械系，流体系，熱系などは構成要素のアナロジー対応を用いることによって等価電気回路に変換できるわけであるから，電気系を状態方程式で表現する方法を知れば，他の物理システムの状態方程式表現の方法を知ったことになる。

理想的なインダクタ，キャパシタ，抵抗器や変成器，ジャイレータなどから構成された電気回路が電圧源や電流源によって駆動される電気系の状態方程式は各素子の基礎式とキルヒホッフの電圧則，電流則から導出される。

例えば，**図 3.23** の電気系を考えてみる。図において，$i_{L1}(t)$，$i_{L2}(t)$，$i_C(t)$，$i_R(t)$ は各素子を流れる電流であり，矢印は流れの正の向きを表す。$e_{L1}(t)$，$e_{L2}(t)$，$e_C(t)$，$e_R(t)$ は各素子の端子間電圧であり，+，− で電圧の正の向きを表す。$e(t)$ は電圧源が発生する電圧である。

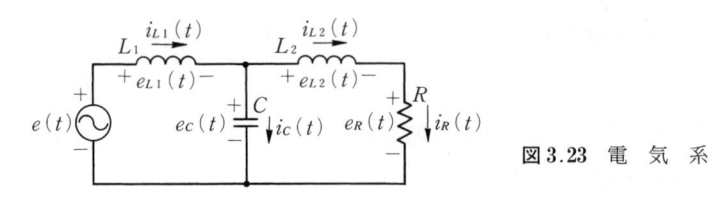

図 3.23 電気系

各素子の基礎式より次式を得る。

$$e_{L1}(t) = L_1 \frac{d}{dt} i_{L1}(t), \quad e_{L2}(t) = L_2 \frac{d}{dt} i_{L2}(t),$$

$$i_C(t) = C \frac{d}{dt} e_C(t), \quad i_R(t) = \frac{1}{R} e_R(t)$$

また，キルヒホッフの電圧則から

$$e(t) = e_{L1}(t) + e_C(t), \quad e_C(t) = e_{L2}(t) + e_R$$

キルヒホッフの電流則から

$$i_{L1}(t) = i_{L2}(t) + i_C(t), \quad i_{L2}(t) = i_R(t)$$

を得る。インダクタの電圧，コンダクタの電流，抵抗器の電圧と電流を消去するという方針で，上の八つの式を整理すると

$$L_1 \frac{d}{dt} i_{L1}(t) = -e_C(t) + e(t)$$

$$L_2 \frac{d}{dt} i_{L2}(t) = -R i_{L2}(t) + e_C(t)$$

$$C \frac{d}{dt} e_C(t) = i_{L1} - i_{L2}$$

となる。したがって，状態変数ベクトルとして $x(t) = [i_{L1}(t) \; i_{L2}(t) \; e_C(t)]^T$ を

選べば，線形時不変系の状態方程式

$$\dot{x}(t) = \begin{bmatrix} 0 & 0 & -\dfrac{1}{L_1} \\ 0 & -\dfrac{R}{L_2} & \dfrac{1}{L_2} \\ \dfrac{1}{C} & -\dfrac{1}{C} & 0 \end{bmatrix} x(t) + \begin{bmatrix} \dfrac{1}{L_1} \\ 0 \\ 0 \end{bmatrix} e(t) \qquad (3.32)$$

を得る．この例からもわかるように，電気系を状態方程式で記述するには，すべてのインダクタの電流とすべてのコンダクタの電圧を状態変数として選べばよい．

本節では，物理システムの挙動をモデリングする方法として，構成要素のアナロジー対応から等価電気回路を作成し，その等価な電気系から状態方程式を導出するという方法を述べた．他の方法としては，ブロック線図やシグナルフローグラフを用いる方法（7 章），ボンドグラフを用いる方法（8 章）などがある．

演習問題

【1】 図 3.24 は，自動車サスペンションの簡易モデルである．下方から速度 $v(t)$ で駆動されるこの機械系に等価な電気回路を求めよ．

【2】 図 3.25 は，左端から圧力 p を作用させているとき，断面積 a の開 U 字管内で長さ l の液が運動している様子を示している．液の比重を ρ，重力加速度を g として，等価な電気回路を求めよ．

図 3.24

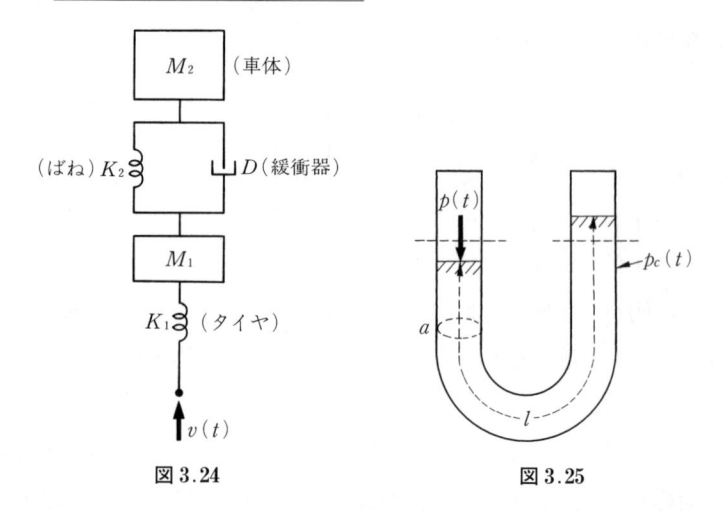

図 3.25

【3】 断面積 A の水槽と断面積 B の水槽が断面積 a, 長さ l の管路で結合されている（図 3.26）。R_a, R_b は，流体抵抗である。圧力 $p(t)$ が作用しているこの流体系に等価な電気回路を求めよ。ただし，液の比重を ρ，重力加速度を g とする。

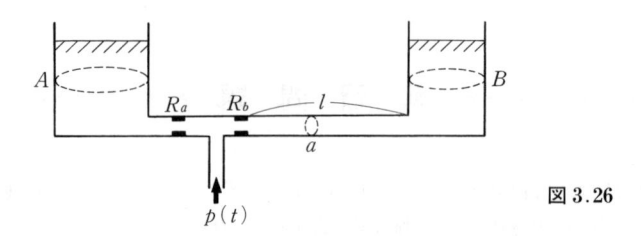

図 3.26

【4】 熱キャパシタンス C_i の物体 $a_i(i=1, 2, 3)$ と熱抵抗 R_i の物体 $b_i(i=1, 2, 3)$ が層状に結合されており，左端から熱流 $q(t)$ が供給されている熱系を考える（図 3.27）。等価電気回路を求めよ。

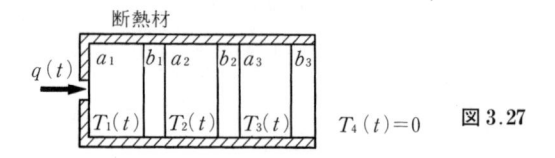

図 3.27

【5】 機械系（並進運動と回転運動），流体系の理想ジャイレータの特性式を示し，ジャイレーション比の単位を求めよ。

【6】 図 3.28 は電機子電圧 $e(t)$ を入力すると直流モータがギヤ（ギヤ比 $N_a:N_b$）とばねを介して負荷（慣性モーメント J）を駆動している様子を示す．ただし，モータの回転角速度 $\omega_m(t)$，発生トルク $\tau_m(t)$，電機子電流 $i(t)$，逆起電力 $e_a(t)$ の間には
$$\tau_m(t) = K_m i(t), \quad e_a(t) = K_m \omega_m(t)$$
の関係が成り立つとする．
（a） 等価な電気回路を示せ．
（b） 電機子インダクタンス $L_a \approx 0$ として，等価電気回路から状態方程式を求めよ．

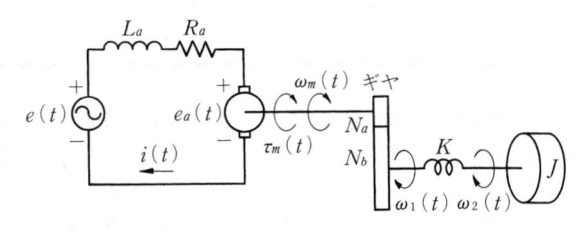

図 3.28

4 システムの安定性

　この章では，動的システムの最も基本的な性質である安定性について述べる。はじめに，リアプノフ安定といわれる自律システムの平衡点に関する安定性について考察する。これは平衡点にあった状態が攪乱によって平衡点からずれたとき，以後の長い時間にわたるシステムの挙動を論ずるものである。

　つぎに，有界な入力をシステムに作用したとき，出力も有界になるかどうかという入出力安定について述べる。

　さらに，非線形フィードバックシステムの安定性を論ずる際に有用となる，スモール・ゲイン定理や受動定理について考察する。

4.1 リアプノフ安定

4.1.1 安定性の定義と正定関数

つぎのシステム Σ を考える。

$$\Sigma : \dot{x}(t) = f(x(t)), \quad x(0) = x_0 \tag{4.1}$$

ここで，f は連続微分可能な関数とし[†]，$x(t) \in R^n$ とする。このシステムは時不変の動的システムにおいて入力 $u(t)$ を恒等的に 0 としたものに相当しており，自律システムとよばれる。自律システムは外部からなにも働きかけない状況下でのシステムの状態の変化を表す方程式である。

[†] 必要な場合には，より弱い条件である局所リプシッツ条件に置き換えることができる。

4.1 リアプノフ安定

$$f(\bar{x}) = 0 \tag{4.2}$$

を満たすベクトル $\bar{x}$ を Σ の平衡点という．平衡点という言葉は状態 x が $\bar{x}$ にあれば $\dot{x} = 0$ となるので，平衡点にある状態はその点にとどまり続けることから由来している．$\bar{x}$ が原点 0 でない場合には $z = x - \bar{x}$ という新しい座標を導入することにより

$$\dot{z} = f(z + \bar{x}) = g(z) \tag{4.3}$$

となり，$\dot{z} = g(z)$ に関しては平衡点は $z = 0$ となる．このように平衡点を原点 0 と仮定しても一般性を失わないので，以下では平衡点は原点と仮定する．

さて，状態 x が平衡点である原点にあれば x はその点にとどまりつづけるが，外乱を受けて x が原点からずれた場合に依然として原点の近傍にとどまりつづけるかどうかが平衡点の安定性の問題であり，ロシアの数学者である**リアプノフ** (Liapunov) によって系統的に研究されたのでリアプノフ安定とよばれている．リアプノフ安定の考え方は，力学の運動エネルギーの考え方を一般化したものである．

この章ではリアプノフ安定を単に安定とよぶことにする．まず，安定性の正確な定義を与える．以下では $\|\cdot\|$ はユークリッドノルムを表すものとする．

【定義 4.1】（安定性）　任意の $\varepsilon > 0$ に対して $\delta > 0$ が存在し

$$\|x(0)\| < \delta \text{ ならば } \|x(t)\| < \varepsilon$$

が任意の時刻 $t \geqq 0$ について成立するとき，式 (4.1) のシステムの平衡点 0 は安定であるといわれる．安定でない場合には，平衡点 0 は不安定であるといわれる．　　　　□

この安定性の定義の意味を，二次元の状態空間で考えてみよう．$\|x\| < \varepsilon$ は，半径 ε の円の内部を表す．したがって，定義の意味するところは，半径 ε の円が勝手に指定されても初期値 $x(0)$ を半径 δ の円の内部に取ることによって，式 (4.1) の解軌道 $x(t)$ が，半径 ε の円の外側に出ないようにすることが可能であるとき安定と定義している（図 4.1 参照）．

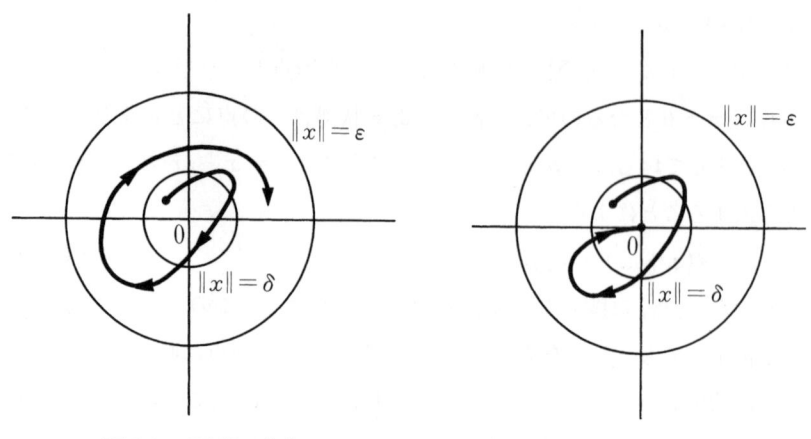

図 4.1　安定性の定義　　　図 4.2　漸近安定性の定義

【定義 4.2】（漸近安定性）　式(4.1)のシステムが安定でさらに $\lim_{t \to \infty} \|x(t)\| = 0$ を満たす $\delta' > 0$ が存在するとき，平衡点 0 は漸近安定であるといわれる。
□

漸近安定の意味は半径 ε の円が任意に指定されても式(4.1)の初期値 $x(0)$ を半径 δ の円内にかぎることによって，解軌道 $x(t)$ が半径 ε の円の外側に出ないことと，さらに解軌道が $t \to \infty$ で原点に漸近することを意味する（図 4.2）。

なお，安定ではないが，$t \to \infty$ で $\|x(t)\| \to 0$ となる場合があり，このような平衡点は**吸引的**（attractive）な平衡点であるといわれる[1][†]。

リアプノフの安定定理を述べるまえに若干の準備が必要である。

【定義 4.3】（正定関数）　n 次元ベクトル空間 R^n の原点を含む領域 Ω で定義された連続な実数値関数 $V(x)$ が $V(0) = 0$ で，かつ $x \neq 0$ である任意の $x \in \Omega$ に対して $V(x) > 0$（または $V(x) \geqq 0$）を満たすとき，$V(x)$ は Ω 上の正定（または準正定）関数であるという。

また，$-V(x)$ が正定（または準正定）であるとき $V(x)$ は負定（または準

[†]　肩付き数字は，巻末の引用・参考文献の番号を示す。

負定）関数であるという。　　　　　　　　　　　　　　　　　　　□

【例 4.1】　$V(x) = x_1^2 + x_2^2$ は R^2 上で正定関数で，この場合は Ω は R^2 全体となる。さらに $-V(x)$ は R^2 で負定となる。　　　　　　□

【例 4.2】　$V(x) = x_1^2 + x_2^2 - (x_1^4 + x_2^4)$ は
$$\Omega = \{x \in R^2 \,|\, \|x\| < 1\}$$
上で正定関数である。　　　　　　　　　　　　　　　　　　　　□

正定関数の原点近傍における概念図が**図 4.3** に示されている。$V(x)$ の連続性と正定関数の性質 $V(0) = 0$，$V(x) > 0\,(x \neq 0)$ によって原点近傍では，ゆで卵の下部のような形状になる。したがって，十分小さな c に対して $V(x) = c$ を満たす x は図に示されているような閉曲線となる。

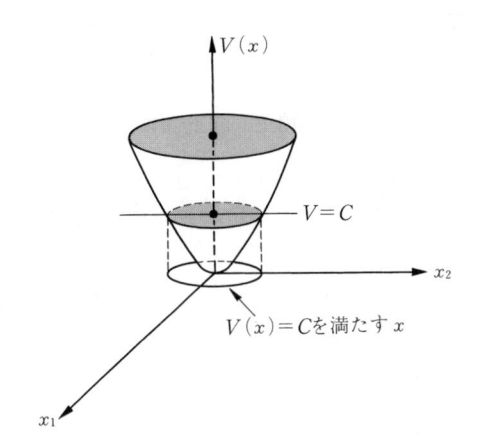

図 4.3　正定関数の概念図

一般に，R^n で定義された正定関数は十分小さな c に対して，$V(x) = c$ によって R^n 上の原点を含む閉じた超平面を定義するが，原点の近傍以外ではかならずしもこの性質は成り立たない。例えば，つぎの正定関数

$$V(x) = \frac{x_1^2}{x_1^2 + 1} + x_2^2$$

は $c < 1$ のとき，$V(x) = c$ によって**図 4.4** のような R^2 上で閉じた曲線を定義するが，$c \geqq 1$ に対しては曲線は閉じない。したがって

$$D_c = \{x \in R^2 \mid v(x) \leq c\}$$

は $c < 1$ に対して 2 次元空間上に有界な閉集合を定義するが，$c \geq 1$ のときは有界な集合ではない．さらに

$$V(x) = \frac{x_1^2 + x_2^2}{x_1^2 + x_2^2 + 1} = c$$

は $c \geq 1$ に対してはいかなる曲線も定義しない．このような正定関数の性質の局所性に注意する必要がある． □

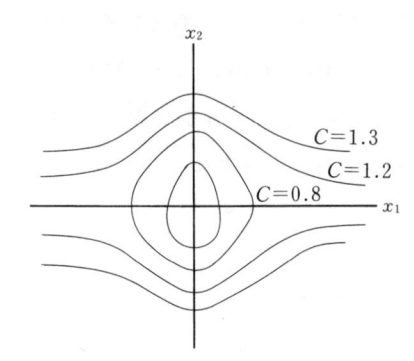

図 4.4　正定関数の等高線

つぎに，$V(x)$ を連続微分可能な関数と仮定し，解軌道に沿った微分 $\dot{v}(x)$ を以下のように定義する．

$$\dot{V}(x) = \sum_{i=1}^{n} \frac{\partial V}{\partial x_i} \dot{x}_i = \sum_{i=1}^{n} \frac{\partial V}{\partial x_i} f_i(x) = \frac{\partial V}{\partial x} f(x) \tag{4.4}$$

ここで，$\partial V/\partial x$ は V の勾配ベクトルで，

$$\frac{\partial V}{\partial x} = \left[\frac{\partial V}{\partial x_1}, \frac{\partial V}{\partial x_2}, \cdots, \frac{\partial V}{\partial x_n} \right]$$

である．

4.1.2　リアプノフの安定定理

【定理 4.1】　(リアプノフの安定定理)　$x = 0$ を式 (4.1) の平衡点とし，$V(x)$ を原点の近傍 $\Omega \subset R^n$ で定義された連続微分可能な正定関数とする．さらに Ω の任意の x に対し

$$\dot{V}(x) \leq 0 \tag{4.5}$$

が成立するならば原点は安定な平衡点である。また，Ω で $\dot{V}(x)$ が負定関数すなわち

$$\dot{V}(x) < 0 \quad (x \neq 0) \tag{4.6}$$

が成立するならば原点は漸近安定となる。

【証明】 初めに $\dot{V}(x) \leq 0$ が成り立つとし，安定性を示す。与えられた $\varepsilon > 0$ に対して $0 < r < \varepsilon$ を満たす十分小さな r をとり

$$B_r = \{x \in R^n \mid \|x\| \leq r\} \subset \Omega \tag{4.7}$$

という領域を決める。B_r は原点近傍の集合である。つぎに

$$\min_{\|x\|=r} V(x) = a \tag{4.8}$$

とおく。$v(x)$ の正定性より $a > 0$ であり，$0 < b < a$ を満たす b を選ぶことができ

$$D_b = \{x \in B_r \mid V(x) \leq b\} \tag{4.9}$$

という集合を定義すると $b < a$ より D_b は B_r の内部に含まれる。さらに初期値 $x(0)$ が D_b の内部にある解軌道 $x(t)$ は，任意の $t \geq 0$ で D_b の内部にとどまりつづけるという性質がある。なぜならば $\dot{V}(x(t)) \leq 0$ より任意の $t \geq 0$ に対して

$$V(x(t)) \leq V(x(0)) \leq b \tag{4.10}$$

が成り立つからである。

さて $V(x)$ の連続性と正定性より δ を十分小さく選ぶことによって

$$\|x\| < \delta \Rightarrow V(x) < b$$

が成り立つようにできる。このことは $\|x(0)\| < \delta$ ならば $x(0) \in D_b$ を意味し，D_b の性質より任意の $t \geq 0$ に対して $x(t) \in D_b$ が成り立ち，順に，$x(t) \in B_r$ より

$$\|x(t)\| < r < \varepsilon$$

が任意の $t \geq 0$ に対して成立する。したがって，平衡点の安定性が示された。

つぎに $\dot{V}(x) < 0 (x \neq 0)$ を仮定し，漸近安定性が成り立つことを示す。初期値を $\|x(0)\| < \delta$ を満たすように選べば，安定性は明らかだから，$t \to \infty$

で $\|x(t)\| \to 0$ となることだけを示せばよい．これは任意に与えられた $\alpha>0$ に対して $T>0$ が存在して，$t>T$ を満たすすべての t に対して $\|x(t)\|<\alpha$ となることを示すことと等価である．

$$D_\beta = \{x \in B_r \mid V(x) \leq \beta\} \tag{4.11}$$

を定義し，前の議論をくり返すことにより，任意の $\alpha>0$ に対して $\beta>0$ が存在して D_β を球 B_α の内部に含まれるようにすることができる．

さて，D_β の内部から出発する解軌道は D_β の内部にとどまりつづけるので，あとは $t \to \infty$ で $V(x) \to 0$ となることを示せば有限な時刻で $V(x) \leq \beta$ となり，解軌道は D_β の内部に入るので証明が終了する．

$\dot{V}(x)<0$ より $V(x(t))$ は t の単調減少関数で $V(x(t)) \geq 0$ だから $t \to \infty$ で $V(x(t)) \to P \geq 0$ となる．$P=0$ を示すために $P>0$ と仮定し矛盾を引き出す．

$$D_p = \{x \in B_r \mid V(x) \leq p\} \tag{4.12}$$

を定義すると $V(x)$ の連続性によって $d>0$ が存在して，$B_d \subset D_p$ となる球 B_d がとれる．

$V(x(t)) \to p>0$ ということから $x(t)$ はつねに B_d の外側にある．そこで，$d \leq \|x\| \leq r$ の範囲で式(4.4)で定義される x の連続関数 $\dot{V}(x)$ は最大値をもつのでこれを q とする．$\dot{V}(x)<0$ より $q<0$ である．これより

$$V(x(t)) = V(x(0)) + \int_0^t \dot{V}(x(\tau))d\tau \leq V(x(0)) + qt \tag{4.13}$$

となるが，十分大きな t に対しては右辺が負となり，$V(x(t))$ の正定性と矛盾する．ゆえに $p=0$ でなければならない． □

定理の条件を満たす $v(x)$ をリアプノフ関数という．リアプノフ関数を見つけることができれば，システムの安定性を示すことができるが，リアプノフ関数が見つからないといっても，不安定とかぎらないことに注意しなければならない．すなわち，リアプノフの定理は安定性の十分条件だけを与えているのである．

つぎにリアプノフ関数の例を示す．

【例 4.3】

$$\begin{cases} \dot{x}_1 = -x_2 \\ \dot{x}_2 = x_1 - x_2^3 \end{cases} \quad (4.14)$$

のシステムを考える。このシステムのただ一つの平衡点は $x_1 = 0$, $x_2 = 0$ すなわち原点である。$V(x) = x_1^2 + x_2^2$ とおくと $V(x)$ は正定。

$$\begin{aligned}\dot{V}(x) &= 2x_1\dot{x}_1 + 2x_2\dot{x}_2 = 2x_1(-x_2) + 2x_2(x_1 - x_2^3) \\ &= -2x_2^4 \leqq 0 \end{aligned} \quad (4.15)$$

となり，このシステムの原点は安定な平衡点である。 □

【例 4.4】

$$\begin{cases} \dot{x}_1 = -x_2 - x_1^3 \\ \dot{x}_2 = x_1 - x_2^3 \end{cases} \quad (4.16)$$

のシステムを考える。このシステムのただ一つの平衡点は $x_1 = 0$, $x_2 = 0$ すなわち原点である。$V(x) = x_1^2 + x_2^2$ とおくと $V(x)$ は正定。

$$\begin{aligned}\dot{V}(x) &= 2x_1\dot{x}_1 + 2x_2\dot{x}_2 \\ &= 2x_1(-x_2 - x_1^3) + 2x_2(x_1 - x_2^3) \\ &= -2(x_1^4 + x_2^4) < 0 \quad (x \neq 0) \end{aligned} \quad (4.17)$$

となり，このシステムの原点は漸近安定な平衡点である。 □

定理 4.1 を実際のシステムに適用する場合，どのような初期値の集合に対して漸近安定性が保証されるのかということが問題になる。漸近安定性が成り立つ初期値の集合を**吸引領域**（domain of attraction）という。吸引領域を正確に求めることは容易ではないが，つぎのようにしてその領域の見積もりをすることができる。

定理 4.1 より明らかなように領域 $\Omega \in R^n$ において定理の条件が成り立ち，

$$D_c = \{x \in R^n \mid V(x) \leqq c\}$$

が有界な集合で Ω に含まれるならば，D_c に初期値をもつすべての解軌道は D_c の内部にとどまり続け，$t \to \infty$ で原点に漸近するのであった。したがって，このような D_c で，できるだけ c の大きなものを見出せば，その D_c が吸引領域の一つの見積りを与えることになる。しかし，一般に異なるリアプノフ

関数からは異なった吸引領域の見積りが得られるので，より正確な見積りが得たい場合には試行錯誤に頼ることになる．

【例 4.5】
$$\begin{cases} \dot{x}_1 = x_1(x_1^2 + x_2^2 - 1) - x_2 \\ \dot{x}_2 = x_1 + x_2(x_1^2 + x_2^2 - 1) \end{cases} \tag{4.18}$$

のシステムに対してリアプノフ関数の候補として $V(x) = x_1^2 + x_2^2$ をとると $V(x)$ は $x \in R^2$ で正定で

$$\dot{V}(x) = 2(x_1^2 + x_2^2)(x_1^2 + x_2^2 - 1) \tag{4.19}$$

となるから

$$\Omega = \{x \in R^2 \mid x_1^2 + x_2^2 \leq 1\} \tag{4.20}$$

という領域を選べば定理の条件である $V(x)$ の正定性と $\dot{V}(x)$ の負定性が成り立つことがわかる．さらに

$$D_1 = \{x \in R^2 \mid V(x) \leq 1\} \tag{4.21}$$

という集合は明らかに

$$B_r = \{x \in R^2 \mid \|x\| \leq 2\} \tag{4.22}$$

という球に含まれることから有界で，かつ Ω に含まれる．以上のことから D_1 は吸引領域の見積りを与え，D_1 の中に初期値をもつすべての解は原点に漸近していくことがわかる． □

システムの漸近安定性を考えるとき，吸引領域が問題となるが，つぎに，どのような場合に，この領域が全空間 R^n になるかという**大域的漸近安定性** (globally asymptotic stability) の問題を考えてみる．

4.1.3 大域的な安定性

【定義 4.4】（大域的漸近安定性） 式(4.1)のシステムが安定で，さらに任意の $x(0) \in R^n$ に対し $t \to \infty$ で，$\|x(t)\| \to 0$ となるならば平衡点 0 は大域的漸近安定であるといわれる． □

正定関数の定義のところで述べたが，R^n の領域 Ω で定義された正定関数は十分小さな正数 c に対してはつぎの有界な集合

$$D_c = \{x \in \Omega \mid V(x) \leq c\}$$

を定義するが，大きな c の値に対しては図 4.4 に示した例のように必ずしも D_c は有界な集合とはならない．正定関数のこのような局所的な性質を改良し，任意の正数 c に対して D_c が有界な集合となるようにするには，正定関数 $V(x)$ が $\|x\| \to \infty$ のとき $v(x) \to \infty$ となる条件を付け加えればよい．このような性質をもつリアプノフ関数を見付けることができれば，つぎの定理によって大域的な漸近安定性を保証することができる．

【定理 4.2】 $x = 0$ を式 (4.1) のただ一つの平衡点とし，$V(x)$ を R^n で定義された連続微分可能な正定関数で

$$\|x\| \to \infty \text{ のとき } V(x) \to \infty$$

を満たすものとする．さらに任意の $x \neq 0$，$x \in R^n$ に対し

$$\dot{V}(x) < 0$$

が成り立つならば，$x = 0$ は大域的に漸近安定な平衡点である．

【証明】 任意の点 $p \in R^n$ に対して $V(p) = c$ とする．条件 $\|x\| \to \infty$ で $V(x) \to \infty$ より $r > 0$ が存在して，$\|x\| > r$ のとき $V(x) > c$ が成り立つようにできる．このことは

$$D_c = \{x \in R^n \mid V(x) \leq c\}$$

とすると $D_c \subset B_r$ を意味し，D_c は球 B_r に含まれるから有界な集合で D_c に初期値をもつ解は D_c の内部にとどまりつづける．あとは定理 4.1 の証明と同様である． □

例 4.4 で用いられているリアプノフ関数 $V(x)$ は $\|x\| \to \infty$ のとき $V(x) \to \infty$ という性質をもっているので，このシステムは大域的漸近安定であると結論できる．

【例 4.6】 図 1.4 で示されている，ばねとダンパからなる力学系で運動方程式は，式 (1.5) に従うものとする．ここでは外力 $u(t) \equiv 0$ としたつぎの自律システムを考える．

$$m\frac{d^2 y}{dt^2} + a\frac{dy}{dt} + ky = 0 \tag{4.23}$$

ここで，m は物体の質量，a は粘性摩擦係数，k はばね定数とする．変数変換 $y = x_1$, $\dot{y} = x_2$ を行って状態方程式の形式で書くと

$$\begin{cases} \dot{x}_1 = x_2 \\ \dot{x}_2 = -\dfrac{k}{m}x_1 - \dfrac{a}{m}x_2 \end{cases} \tag{4.24}$$

となる．このシステムのただ一つの平衡点は 0 だから，この平衡点に関する安定性を調べる．リアプノフ関数の候補として力学的エネルギーをとると

$$V(x) = \frac{1}{2}mx_2^2 + \frac{1}{2}kx_1^2 \quad (m, \ k > 0) \tag{4.25}$$

となり，$V(x)$ は正定関数で

$$\dot{V}(x) = mx_2\dot{x}_2 + kx_1\dot{x}_1 = -ax_2^2 \leq 0 \tag{4.26}$$

となるから力学的エネルギーはいまの場合リアプノフ関数になり，このシステムの平衡点 0，すなわち $y = 0$, $\dot{y} = 0$ に対する安定性がいえるが，$\dot{V}(x)$ が負定関数にならないため，このままでは漸近安定性や大域的漸近安定性を示すことはできない．しかし，物理的に考えればこのシステムは $y = 0$, $\dot{y} = 0$ という平衡点以外の点にとどまることはできず，また，運動を続ける間は粘性摩擦によって運動エネルギーを消費し続けるから，大域的漸近安定性が成立するはずである．リアプノフ関数がエネルギーの概念を一般化したものである以上，$V(x)$ を力学的エネルギーに選んで漸近安定性がいえないのは不自然であるが，実際には定理 4.2 を拡張したつぎの定理が成り立ち，これによっていま考えているシステムの大域的漸近安定性が示されるのである．

【定理 4.3】 $x = 0$ を式(4.1)のただ一つの平衡点とし，$V(x)$ を R^n で定義された連続微分可能な正定関数で

$$\|x\| \to \infty \text{ のとき } \quad V(x) \to \infty$$

を満し，任意の $x \in R^n$ に対し

$$\dot{V}(x) \leq 0$$

が成り立つとする．さらに集合 S をつぎのように定義する．

$$S = \{x \in R^n \mid \dot{V}(x) = 0\}$$

このとき自明な解 $x(t) \equiv 0$ 以外に S に恒等的にとどまる解がなければ原点が大域的に漸近安定な平衡点となる。　　□

この定理の証明は省略するが，**ラ・サール** (LaSalle) の不変定理とよばれるものの，特別な場合になっている。

例 4.5 にこの定理を適用してみよう。S に恒等的に含まれる解が存在すると仮定してみると，$\dot{V}(x) = 0$ より

$$x_2(t) \equiv 0 \quad \text{(恒等的)} \tag{4.27}$$

が成り立ち，これより $\dot{x}_2 \equiv 0$ が従がう。これを状態方程式に代入することにより，ただちに $x_1 \equiv 0$ を得る。これより $x_1 \equiv 0$，$x_2 \equiv 0$ となり，S に恒等的に含まれる解軌道は $x(t) \equiv 0$ という自明な解にかぎることがわかり，原点の大域的漸近安定性が結論される。

【**例 4.7**】 例 4.6 をより一般化したつぎのシステムを考える。

$$\dot{x}_1 = x_2 \tag{4.28}$$

$$\dot{x}_2 = -g(x_1) - f(x_2) \tag{4.29}$$

ここで，f，g はつぎの条件を満たすものとする。

　i) f，g は連続な関数

　ii) $f(0) = g(0) = 0$, $\alpha f(\alpha) > 0$, $\alpha g(\alpha) > 0 \quad (\alpha \neq 0)$

　iii) $|\beta| \to \infty$ のとき $\quad \int_0^\beta g(\sigma) d\sigma \to \infty$

さて，リアプノフ関数の候補として

$$V(x_1, x_2) = \frac{1}{2} x_2^2 + \int_0^{x_1} g(\sigma) d\sigma \tag{4.30}$$

を選んでみる。V は明らかに連続微分可能かつ正定関数である。つぎに $\dot{V}$ を計算すると

$$\dot{V}(x_1, x_2) = -x_2 f(x_2) \tag{4.31}$$

となり，条件 ii) より任意の $(x_1, x_2) \in R^2$ に対し

$$\dot{V}(x_1, x_2) \leq 0 \tag{4.32}$$

となる。

$$S = \{(x_1, x_2) \in R^2 \mid \dot{V}(x_1, x_2) = 0\} \tag{4.33}$$

とするとき S が解軌道を含むと仮定すると，$\dot{V} \equiv 0$ より $x_2(t) \equiv 0$ が成り立つ必要がある．このとき式(4.28)より $\dot{x}_1 \equiv 0$ となり $x_1 = x_{10}$ となる．ここで x_{10} は x_1 の初期値である．また，$x_2(t) \equiv 0$ より $\dot{x}_2(t) \equiv 0$ となり式(4.29)を用いると $-g(x_{10}) = 0$ を得る．条件 ii) より $x_{10} = 0$ となり，結局，恒等的に S に含まれる解は $x_1 \equiv x_2 \equiv 0$ という自明な解だけとなり，このことと，条件iii) から原点が大域的に漸近安定な平衡点であることが定理 4.3 によってわかる．

4.2 線形システムの安定性と線形化

4.2.1 線形システムの安定性

次式の線形システムの平衡点 $x = 0$ の安定性を考える．

$$\dot{x}(t) = Ax(t), \quad x(0) = x_0 \tag{4.34}$$

ここで，$x(t)$ は n 次元ベクトルである．式(4.34)の平衡点は $x = 0$ だけとはかぎらないが，以下で明らかになるように線形システムでは原点が漸近安定であるとすると，じつは，それ以外の平衡点をもち得ないのである．さて，2.5節で述べたようにこの状態方程式の解は，行列指数関数を用いて

$$x(t) = e^{At} x_0 \tag{4.35}$$

と表すことができる．さらに e^{At} はつぎのように表すことができる[2]．

$$e^{At} = \sum_{i=1}^{r} \sum_{j=1}^{m_i} t^{j-1} e^{\lambda_i t} \cdot p_{ij}(A) \tag{4.36}$$

ここで，r は A の異なる固有値 $\lambda_1, \cdots, \lambda_r$ の個数であり，m_i は A の最小多項式の零点である λ_i の重複度を表し，$p_{ij}(A)$ は行列 A だけに依存して決まる行列多項式で t には存在しない．さて，行列 $\exp(At)$ のノルムをユークリッドノルムから誘導されるノルムとして以下のように定義する．

$$\| e^{At} \|_{\text{Ind}} = \sup_{\|x\|=1} \| e^{At} x \|$$

このときつぎの補題が成り立つ．

4.2 線形システムの安定性と線形化

【補題 4.1】 式(4.34)のシステムの平衡点 0 が漸近安定となるための必要十分条件は

$$\lim_{t\to\infty} \| e^{At} \|_{\mathrm{ind}} = 0 \tag{4.37}$$

となることである。

【証明】 式(4.37)が成り立てば，漸近安定であることを示す．$\exp(At)$ の連続性と式(4.37)より $t \geqq 0$ で $\| \exp(At) \|_{\mathrm{ind}}$ は有界だから

$$\sup_{t\geqq 0} \| e^{At} \|_{\mathrm{ind}} = m < \infty$$

とおくと

$$\| x(t) \| = \| e^{At} x_0 \| \leqq \| e^{At} \|_{\mathrm{ind}} \cdot \| x_0 \| \leqq m \| x_0 \| \tag{4.38}$$

となり，任意の $\varepsilon > 0$ に対して $\delta = \varepsilon/m$ とし，$\| x_0 \| < \delta$ を満たすように x_0 を選べば

$$\| x(t) \| < m\delta = \varepsilon \tag{4.39}$$

となり，安定性が示され，さらに式(4.38)で

$$\lim_{t\to\infty} \| e^{At} \|_{\mathrm{ind}} = 0 \tag{4.40}$$

より $\| x(t) \| \to 0$ が従い，漸近安定性がいえる．

逆は，式(4.37)が成り立たなければ漸近安定ではないことを示せばよい．式(4.37)が成り立たないときは，$t \to \infty$ のとき e^{At} の少なくとも一つの成分は 0 に漸近しないことから，ある初期値 x_0 から出発する解で $t \to \infty$ のとき 0 に収束しないものが存在する．このとき式(4.35)より $\alpha > 0$ に対して αx_0 を初期値とする解は $\alpha x(t)$ となる．ゆえに α を十分小さく取れば，原点に十分近い点を初期値にもつ解で，$t \to \infty$ で 0 に収束しないものが存在し，漸近安定ではない． □

なお，上述の論法より明らかなように，式(4.34)の解の初期値に関する線形性より，$\| x_0 \| < \delta$ に対して漸近安定性がいえれば任意の $x_0 \in R^n$ に対しても漸近安定性がいえることは明らかである．したがって，線形システムでは漸近安定性と大域的漸近安定性は一致する．このことから，大域漸近安定性に関するつぎの定理を得る．

【定理 4.4】 線形システム式(4.34)の原点が大域的に漸近安定となるための必要十分条件は，A のすべての固有値の実部が負となることである．

【証明】 式(4.36)と補題 4.1 を用いることにより証明できる． □

すべての固有値の実部が負であるような行列を安定な行列とよぶ．これより安定な行列は正則となり，式(4.34)の平衡点はこの場合，原点のみとなる．

つぎの定理は線形システムに対するリアプノフの定理である．

【定理 4.5】 A が安定な行列であるための必要十分条件は，任意の正定対称行列 Q に対してつぎの式

$$PA + A^T P = -Q \quad (A^T は A の転置行列) \tag{4.41}$$

を満たす正定対称な行列 P が存在することである．

【証明】 式(4.41)を満たす正定対称行列 P が存在すると仮定する．このとき

$$V(x) = x^T P x \tag{4.42}$$

を考えると $V(x)$ は明らかに正定関数となる．さらに $V(x)$ の式(4.34)に沿った微分は

$$\dot{V}(x) = x^T P \dot{x} + \dot{x}^T P x = x^T (PA + A^T P) x = -x^T Q x \tag{4.43}$$

となり，仮定より負定となる．また P の最小の固有値を $\lambda_{\min}$ とすると

$$\lambda_{\min} \| x \|^2 \leq x^T P x = V(x) \tag{4.44}$$

の関係があるから，$\| x \| \to \infty$ で $V(x) \to \infty$ は明らかで定理 4.2 によって大域的漸近安定となる．

逆を証明するために A を安定な行列とする．

$$P = \int_0^\infty \exp(A^T t) Q \exp(At) dt \tag{4.45}$$

とおくと，被積分項は式(4.36)によって $t^{k-1} \exp(\lambda_i t)$ の形の項の和からなっている．A が安定行列だからすべての λ_i の実部は負となり，したがって式(4.45)の積分は存在する．Q が正定対称行列で $\exp(At)$ が任意の t に対して正則だから，P も正定対称行列となる．式(4.45)を式(4.41)に代入し，部分積分の公式を用いれば

$$PA + A^T P = \int_0^\infty \exp(A^T t) Q \exp(At) \cdot A dt$$
$$+ \int_0^\infty A^T \exp(A^T t) Q \exp(At) \cdot dt$$
$$= \int_0^\infty \frac{d}{dt}[\exp(A^T t) Q \exp(At)] dt$$
$$= [\exp(A^T t) Q \exp(At)]_0^\infty = -Q$$

ゆえに P は式(4.41)の方程式の正定対称な解である。 □

定理の中にでてくる行列方程式はリアプノフ方程式とよばれている。

【例 4.8】

$$A = \begin{bmatrix} 0 & 1 \\ -1 & -1 \end{bmatrix}, \ Q = \begin{bmatrix} 1 & 0 \\ 0 & 1 \end{bmatrix}, \ P = \begin{bmatrix} P_{11} & P_{12} \\ P_{12} & P_{22} \end{bmatrix}$$

とすればリアプノフ方程式は

$$\begin{bmatrix} P_{11} & P_{12} \\ P_{12} & P_{22} \end{bmatrix} \cdot \begin{bmatrix} 0 & 1 \\ -1 & -1 \end{bmatrix} + \begin{bmatrix} 0 & -1 \\ 1 & -1 \end{bmatrix} \cdot \begin{bmatrix} P_{11} & P_{12} \\ P_{12} & P_{22} \end{bmatrix} = \begin{bmatrix} -1 & 0 \\ 0 & -1 \end{bmatrix} \quad (4.46)$$

となり，これをとくと

$$P = \begin{bmatrix} \frac{3}{2} & \frac{1}{2} \\ \frac{1}{2} & 1 \end{bmatrix} \quad (4.47)$$

を得るが，これは正定行列であり，A が安定行列であることがわかる。 □

この例のようにリアプノフ方程式をとくことにより，線形システムの大域的漸近安定性を示すことができるが，実際の安定判別には，より便利なラウス・フルヴィツの判定法[2]などが用いられる。しかし，このリアプノフ方程式はつぎの線形近似の場合に見られるように理論的展開を行う際に重要となる。

4.2.2 線形近似と安定性

非線形システムとして

$$\dot{x} = f(x), \ x(t) \in R^n \quad (4.48)$$

を考える。ここで原点 $x = 0$ を式(4.48)の平衡点とし，$\Omega \in R^n$ を原点の近

傍とする。$f: \Omega \to R^n$ を連続微分可能な関数とし

$$A = \left. \frac{\partial f}{\partial x} \right|_{x=0} \tag{4.49}$$

とおく。さらに

$$f_1(x) = f(x) - Ax \tag{4.50}$$

とすると，Ax は $f(x)$ を $x = 0$ のまわりでテーラー展開したときの第1項であり，$f_1(x)$ は残りの項を表すから

$$\lim_{\|x\| \to 0} \frac{\|f_1(x)\|}{\|x\|} = 0 \tag{4.51}$$

となる。

式(4.48)の非線形システムに対して

$$\dot{x} = Ax, \ x(t) \in R^n \tag{4.52}$$

を線形近似システムという。

つぎの定理は線形システムの漸近安定性を仲立ちとして，非線形システムの漸近安定性を導びこうというもので，リアプノフの間接法とよばれている。これに対して非線形システムについてのリアプノフ関数を直接構成する定理4.1のような方法をリアプノフの直接法とよんでいる。

【定理4.6】 式(4.48)の非線形システムに対して A が安定行列，すなわち式(4.52)の線形近似システムの原点が漸近安定な平衡点であるとする。このとき式(4.48)の非線形システムも漸近安定となる。

【証明】 A が安定な行列であるから，定理4.5によってつぎのリアプノフ方程式を満たす正定対称解 P が存在する。

$$PA + A^T P = -I \tag{4.53}$$

そこでリアプノフ関数の候補として

$$V(x) = x^T P x \tag{4.54}$$

をとり，$V(x)$ の式(4.48)の解軌道に沿った微分を計算すると

$$\begin{aligned}\dot{V}(x) &= x^T P f(x) + f^T(x) P x \\ &= x^T (PA + A^T P)x + 2x^T P f_1(x)\end{aligned}$$

$$= -x^T x + 2x^T P f_1(x) \tag{4.55}$$

となる。また P の最大の固有値を $\lambda_{\max}$ とすると

$$x^T P x \leq \lambda_{\max} \|x\|^2 \tag{4.56}$$

の関係が成り立つ。

一方，式(4.51)より適当な $r > 0$ を選ぶことによって，$\|x\| < r$ を満たす任意の x に対し

$$\|f_1(x)\| \leq \frac{1}{3\lambda_{\max}} \|x\| \tag{4.57}$$

が成り立つようにすることができる。一方，P が対称行列であることと式(4.56)より

$$\|Px\|^2 = x^T P^2 x \leq \lambda_{\max}^2 x^T x$$

が成り立つので

$$|2x^T P f_1(x)| \leq 2\|Px\| \cdot \|f_1(x)\| \leq \frac{2}{3} x^T x \tag{4.58}$$

が成り立ち，これを式(4.55)に用いると

$$\dot{V}(x) \leq -\frac{1}{3} x^T x \quad (\|x\| < r) \tag{4.59}$$

となる。これより $\dot{V}(x)$ は負定となり，式(4.18)の平衡点 $x = 0$ の漸近安定性が結論される。 □

【例 4.9】 非線形システム

$$\begin{cases} \dot{x}_1 = -x_1 + x_2 + x_1^2 \\ \dot{x}_2 = -x_1 + x_2^2 \end{cases}$$

の平衡点 $x = 0$ の安定性を調べるために線形化を行うと

$$\begin{bmatrix} \dot{x}_1 \\ \dot{x}_2 \end{bmatrix} = \begin{bmatrix} -1 & 1 \\ -1 & 0 \end{bmatrix} \cdot \begin{bmatrix} x_1 \\ x_2 \end{bmatrix} = Ax$$

となり A の固有値は

$$\lambda = -\frac{1}{2} \pm \sqrt{3} j \quad (j = \sqrt{-1})$$

となるので線形近似システムは漸近安定となり，もとの非線形システムの平衡

点 $x = 0$ は漸近安定となる。 □

このように，線形近似システムの A のすべての固有値の実部が負となるならば，ただちにもとの非線形システムの漸近安定性がいえるので，非線形システムの安定性が線形システムの安定問題に帰着される。さらに A の固有値が一つでも正の実部をもつならば，非線形システムは不安定となることを示すことができる。しかし，A が実部が 0 であるような固有値を含む場合には，線形近似システムを用いて非線形システムの安定性を議論することができない。その理由は，線形近似システムの固有値の実部が 0 の場合は，テーラー展開の二次以降の項の影響で，漸近安定にも不安定にもなり得るからである。

【例 4.10】

$$\begin{cases} \dot{x}_1 = -x_2 - x_1^3 \\ \dot{x}_2 = x_1 - x_2^3 \end{cases}$$

の平衡点 $x = 0$ に関する安定性を調べるために近似システム

$$\begin{bmatrix} \dot{x}_1 \\ \dot{x}_2 \end{bmatrix} = \begin{bmatrix} 0 & -1 \\ 1 & 0 \end{bmatrix} \cdot \begin{bmatrix} x_1 \\ x_2 \end{bmatrix}$$

の A 行列の固有値を調べると $\lambda = \pm j$ となり，これからは非線形システムの安定性についてはなにも結論できないが，実際には例 4.4 で述べたように，リアプノフの直接法によれば平衡点の漸近安定性が結論されるのである。 □

なお，定理 4.6 を用いる方法では具体的な吸引領域を求めることができないことに注意する必要がある。

4.3 入出力安定

前節のリアプノフ安定では，システムに入力が作用しない自律システムの平衡点の安定性を調べた。この節では，有界な入力を作用しつづけるかぎり出力も有界になるかどうかという問題，すなわち入出力安定について調べる。そのためには，まず，入力や出力の信号の有界性を定義する必要がある。

4.3 入出力安定

信号 f を 2.1 節のように定義するものとする．ここでは時間の集合を $\mathcal{T} = R_f = [0, \infty)$ とし，信号値の集合 $\mathcal{V}$ を n 次元ベクトル空間 R^n または C^n とする．n 次元ベクトル空間のノルムとしてユークリッドノルムを考え，$\|\cdot\|$ と記すことにする．さらに，信号空間 $\mathcal{F}(\mathcal{T}, \mathcal{V})$ のノルムとしてここではより一般的な

$$\|f\|_q = \left[\int_0^\infty \|f(\tau)\|^q d\tau\right]^{\frac{1}{q}} \quad (q = 1, 2, \cdots, \infty) \tag{4.60}$$

を考える．ここで，$q = \infty$ のときは

$$\|f\|_\infty = \sup_{t \in \mathcal{T}} \|f(t)\| \tag{4.61}$$

と定義する．いまの場合 n 次元ベクトル空間のノルムと信号空間のノルムを明確に区別する必要がある．

信号空間 $\mathcal{F}(\mathcal{T}, \mathcal{V})$ に属する信号から有界なノルムをもつ信号だけを集めたノルム信号空間を $\mathcal{L}_q(\mathcal{T}, \mathcal{V})$ と書く．

$$\mathcal{L}_q(\mathcal{T}, \mathcal{V}) = \{f \in \mathcal{F}(\mathcal{T}, \mathcal{V}) \,|\, \|f\|_q < \infty\} \tag{4.62}$$

2.1 節では $q = 2$ の場合のノルム信号空間 $\mathcal{L}_2(\mathcal{T}, \mathcal{V})$ を定義したが，ここではより一般的なノルム信号空間を考えている．簡単のために $\mathcal{V}$ が n 次元ベクトル空間であるとき，$\mathcal{L}_q(\mathcal{T}, \mathcal{V}) = L_q^n$ と略記することにする．さらに拡大信号空間を L_{qe}^n と書くことにする．

入力 $u \in L_{qe}^m$，出力 $y \in L_{qe}^p$ をもつ図 4.5 のシステムを考える．ここで $u(t) \in R^m$，$y(t) \in R^p$ である．さらにシステム Σ の入出力写像 G_Σ を H と表している．

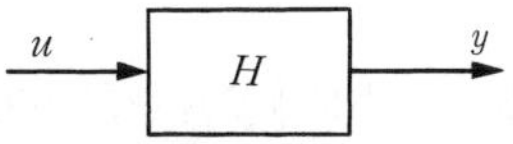

図 4.5 システム H

$$y = Hu, \quad H: L_{qe}^m \to L_{qe}^p \tag{4.63}$$

このシステムに対して入出力安定の定義を与える．

【定義 4.5】 H を $L_{qe}^m \to L_{qe}^p$ なる入出力写像とする．このとき

$$u \in L_q^m \longrightarrow y \in L_q^p$$

が成り立つときシステム H は L_q 安定あるいは L_q 入出力安定であるといわれる。さらに有限な定数 γ, b が存在して，任意の $T > 0$ に対し

$$\|(Hu)_T\|_q \leq \gamma \|u_T\|_q + b \tag{4.64}$$

が成り立つとき H は有限 L_q ゲインをもつといい，特に式(4.64)が成り立つ γ の下限を L_q のゲインという。ここで u_T などは時刻 T でトランケーションされた信号を表す。 □

定義4.5から明らかなように H が有限ゲインをもつならば入出力安定であるが，逆はかならずしも成り立たない。

【例4.11】 入力と出力が合成積で関係づけられたつぎの有限次元，1入力・1出力の安定なシステムを考える。

$$y(t) = (Hu)(t) = (h*u)(t) = \int_{-\infty}^{\infty} h(t-\tau)u(\tau)d\tau \tag{4.65}$$

ここで，$h(t)$ は2.5節で述べた線形定系数 n 次元システムのインパルス応答とする。システムの因果性を仮定することにより，$t < 0$ で $h(t) = 0$ となる。さらに $t < 0$ で $u(t) = 0$ とし，信号のノルムとして $q = 2$ の場合，すなわち

$$\|f\|_2 = \left[\int_0^{\infty} f(t)^2 dt\right]^{\frac{1}{2}} \tag{4.66}$$

を採用することにする。信号 $\hat{y}$ を $\hat{y} = h * u_T$ と定義すると，システムの因果性より

$$y_T = (h*u)_T = (h*u_T)_T = \hat{y}_T \tag{4.67}$$

が成り立つ。このことから

$$\|y_T\|_2 = \|\hat{y}_T\|_2 \leq \|\hat{y}\|_2 \tag{4.68}$$

が成立する。システムのゲインを求めるために $\|\hat{y}\|_2$ を計算してみる。それぞれの信号のフーリエ変換を大文字で表すことにすると

$$\hat{Y}(j\omega) = H(j\omega)U_T(i\omega)$$

が成立し，パーシバルの等式を用いることにより

$$\|\hat{y}\|_2^2 = \frac{1}{2\pi}\int_{-\infty}^{\infty} |\hat{Y}(j\omega)|^2 d\omega$$

$$= \frac{1}{2\pi}\int_{-\infty}^{\infty} |H(j\omega)|^2 \cdot |U_T(j\omega)|^2 d\omega$$

$$\leq \sup_{\omega}|H(j\omega)|^2 \cdot \frac{1}{2\pi}\int_{-\infty}^{\infty}|U_T(j\omega)|^2 d\omega$$

$$= (\sup_{\omega}|H(j\omega)|)^2 \cdot \|u_T\|_2^2 \tag{4.69}$$

を得る。式(4.68)を用いて

$$\|y_T\|_2 \leq (\sup_{\omega}|H(j\omega)|) \cdot \|u_T\|_2 \tag{4.70}$$

を得る。ここで

$$\gamma = \sup_{\omega}|H(j\omega)| \tag{4.71}$$

とおくと，式(4.70)において等号が成立するような入力の存在を実際に示すことができ[3]，式(4.71)が式(4.70)の成立するγの下限を与えていることになり，これが考えているシステムのL_2ゲインを与える。

つぎに図4.6のフィードバック結合されたシステムのL_q安定性を考える。ここで，H_1を$L_{qe}^m \to L_{qe}^p$，H_2を$L_{qe}^p \to L_{qe}^m$なる入出力写像とする。

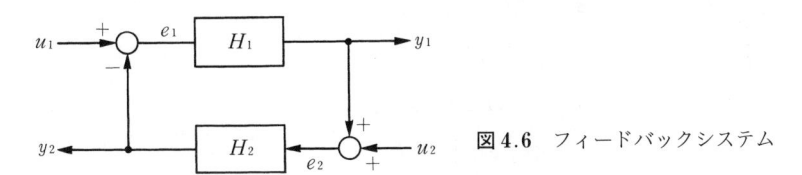

図4.6　フィードバックシステム

このようなフィードバックシステムの入出力安定を考える方法として，以下で述べるスモールゲイン定理と受動定理が重要である。

【定義4.6】 $u_1 \in L_q^m$, $u_2 \in L_q^p$であれば，信号e_1, e_2, y_1, y_2がつねに$e_1 \in L_q^m$, $e_2 \in L_q^p$, $y_1 \in L_q^p$, $y_2 \in L_q^m$となるとき，フィードバックシステムはL_q安定であるといわれる。　　　□

4.3.1　スモールゲイン定理

直観的に考えて式(4.64)で定義されるようなゲインの意味でH_1, H_2のゲインが非常に小さい場合には，図4.6のフィードバックシステムにおいて，信号

が増幅されることがなく，L_q 安定が成立すると考えられる．具体的には H_1，H_2 のゲインの積が 1 以下ならば，信号がフィードバックループを 1 周しても信号が大きくなることがないので，システムは不安定になることがないと思われるが，このことがつぎのスモールゲイン定理によって正当化される．

【定理 4.7】 （スモールゲイン定理）　任意の $T>0$ に対して

$$\|(H_1 e_1)_T\|_q \leq \gamma_1 \|e_{1T}\| + b_1 \tag{4.72}$$

$$\|(H_2 e_2)_T\|_q \leq \gamma_2 \|e_{2T}\| + b_2 \tag{4.73}$$

を満たす γ_1, γ_2, β_1, β_2 が存在したとし，さらに

$$\gamma_1 \gamma_2 < 1 \tag{4.74}$$

が成り立つとする．このとき，図 4.6 のフィードバックシステムは L_q 安定である．

【証明】　図 4.6 より

$$e_1 = u_1 - H_2 e_2 \tag{4.75}$$

$$e_2 = u_2 + H_1 e_1 \tag{4.76}$$

の関係が成り立つ．これと式 (4.73) より

$$\begin{aligned}\|e_{1T}\|_q &= \|u_{1T} - (H_2 e_2)_T\|_q \\ &\leq \|u_{1T}\|_q + \|(H_2 e_2)_T\|_q \\ &\leq \|u_1\|_q + \gamma_2 \|e_{2T}\|_q + b_2\end{aligned} \tag{4.77}$$

を得る．同様にして

$$\|e_{2T}\|_q \leq \|u_2\|_q + \gamma_1 \|e_{1T}\|_q + b_1 \tag{4.78}$$

を得る．これらの式から $\gamma_1 \gamma_2 < 1$ を考慮すれば，次式を得る．

$$\|e_{1T}\|_q \leq \frac{1}{1-\gamma_1\gamma_2}[\|u_1\|_q + \gamma_2\|u_2\|_q + \gamma_2 b_1 + b_2]$$

この式が任意の T に対して成り立つので，$T \to \infty$ とし

$$\|e_1\|_q \leq \frac{1}{1-\gamma_1\gamma_2}[\|u_1\|_q + \gamma_2\|u_2\|_q + \gamma_2 b_1 + b_2] \tag{4.79}$$

を得る．e_2 に対しても同様に

$$\|e_2\|_q \leq \frac{1}{1-\gamma_1\gamma_2}[\|u_2\|_q + \gamma_1\|u_1\|_q + \gamma_2 b_2 + b_1] \tag{4.80}$$

が成り立つ。ここで $u_1 \in L_q^m$, $u_2 \in L_q^p$ だから式(4.79)および式(4.80)の右辺は有限値をとり，したがって $e_1 \in L_q^m$, $e_2 \in L_q^p$ が結論される。

y_1 については

$$y_1 = e_2 - u_2 \tag{4.81}$$

が成り立つので，$e_2 \in L_q^p$, $u_2 \in L_q^p$ よりただちに $y_1 \in L_q^p$ が従う。y_2 に関しても同様である。ゆえに考えているフィードバックシステムは L_q 安定となる。 □

4.3.2 受動定理

スモールゲイン定理では信号空間として一般的な L_q 空間を考えたが，受動定理では信号空間での内積が重要な働きをするので，以下で定義されるような内積をもつ L_2 空間を考えることにする。

$$\langle f, g \rangle = \int_0^\infty f(t)g(t)dt \quad (f, g \in L_2)$$

$$\|f\|_2 = \langle f, f \rangle^{\frac{1}{2}}$$

$f(t)$, $g(t)$ が n 次元ベクトルである場合には

$$\langle f, g \rangle = \int_0^\infty \sum_{i=1}^n f_i(t)g_i(t)dt \quad (f, g \in L_2^n) \tag{4.82}$$

と定義する。

信号空間の場合と同様にして拡大信号空間 L_{2e}^n を定義し，さらに

$$\langle f, g \rangle_T = \int_0^T \sum_{i=1}^n f_i(t)g_i(t)dt = \int_0^\infty \sum_{i=1}^n f(t)_{iT}g(t)_{iT}dt \tag{4.83}$$

を定義する。

【定義 4.7】 H を $L_{2e}^n \to L_{2e}^n$ なる入出力写像とする。このとき任意の $u \in L_{2e}^n$ と任意の $T \geq 0$ に対し

$$\langle Hu, u \rangle_T \geq \beta \tag{4.84}$$

を満たす定数 β が存在するならば，H を**受動的**であるといい

$$\langle Hu, u \rangle_T \geq \delta \|u_T\|_2^2 + \beta \tag{4.85}$$

を満たす $\delta > 0$ と定数 β が存在するならば，H を**強受動的**であるという。 □

受動的という概念は，最初に電気回路理論において導入されたものである。回路がトランジスタなどの能動素子を含まず，抵抗やインダクタンスなどの受動素子だけからなる場合，受動回路とよばれ，この回路はエネルギーの発生源をもたず，外部から回路に加えられたエネルギーを消費するだけである。

図4.7において回路網に電流 $u(t)$ を流したとき，端子間に $y(t)$ の電圧が生じたとすれば，受動回路では，つねに

$$\langle y, u \rangle = \int_0^\infty y(t)u(t)dt \geq 0 \tag{4.86}$$

の関係，すなわち式(4.84)が成り立つのである。

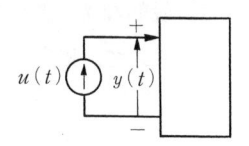

図 4.7 電気回路網

例4.4で取り上げたばね・ダンパ系を再び考えてみよう。いまの場合，ばね・ダンパ系に外力 $u(t)$ が働いているとすると，運動方程式は

$$m\frac{d^2z}{dt^2} + a\frac{dz}{dt} + kz = u \tag{4.87}$$

となる。入力を $u(t)$，出力 $y(t)$ を $dz(t)/dt$ と考えると

$$\begin{aligned}\langle y, u \rangle_T &= \int_0^T y(t)u(t)dt \\ &= \int_0^T u(t)\frac{dz}{dt}dt \\ &= \int_{z(0)}^{z(T)} u(t)dz \end{aligned} \tag{4.88}$$

となり，これは外力が T 時間の間に力学系になした仕事を表す。

一方，T 時刻における力学系の運動エネルギー $V(T)$ は

$$V(T) = \frac{1}{2}my^2(T) + \frac{1}{2}kz(T)^2$$

となるが，$t=0$ における運動エネルギーを $V(0)$ とすれば，T 時間の間の運動エネルギーの増分は $V(T) - V(0)$ となる。力学的エネルギーが保存され

る場合には，この増分は外部からシステムに注入されたエネルギー式(4.88)に等しい．しかし，いまの場合はダンパの粘性摩擦のために力学的エネルギーの一部は熱エネルギーとなって消散されるため，外部から加えられた仕事よりも力学エネルギーの増加は小さくなる．すなわち

$$V(T) - V(0) \leq \int_0^T y(t)u(t)dt = \langle y, u \rangle_T \tag{4.89}$$

が成立する．さらにエネルギー $V(T)$ は正だから

$$\langle u, y \rangle_T \geq -V(0) \tag{4.90}$$

が成り立ち，この力学システムは受動的であることがわかる．

つぎに，このような受動的という概念を用いて図4.6のフィードバックシステムの L_2 安定性を考える．図4.6においていまの場合，$H_1: L_2^n \to L_2^n$, $H_2: L_2^n \to L_2^n$ なる入出力写像とする．

【定理4.8】 （受動定理） 図4.6のフィードバックシステムにおいて u_1, $u_2 \in L_2^n$ かつ H_1 が受動的，H_2 を強受動的でさらに有限ゲインをもつものとする．すなわち

$$\langle H_1 e_1, e_1 \rangle_T \geq \alpha_1 \tag{4.91}$$

$$\langle H_2 e_2, e_2 \rangle_T \geq \delta \| e_{2T} \|_2^2 + \alpha_2 \quad (\delta > 0) \tag{4.92}$$

$$\| (H_2 e_2)_T \|_2 \leq \gamma \| e_{2T} \|_2 + \beta \tag{4.93}$$

が成り立つならば，e_1, e_2, y_1, $y_2 \in L_2^n$ が成立する．すなわち，フィードバックシステムは L_2 安定となる．

【証明】

$$y_1 = H_1 e_1 = e_2 - u_2, \quad y_2 = H_2 e_2 = u_1 - e_1$$

の関係を用いると

$$\langle e_1, H_1 e_1 \rangle_T + \langle e_2, H_2 e_2 \rangle_T$$
$$= -\langle e_1, u_2 \rangle_T + \langle e_2, u_1 \rangle_T$$
$$\leq \| (u_1 - y_2)_T \|_2 \cdot \| u_2 \|_2 + \| e_{2T} \|_2 \cdot \| u_1 \|_2$$
$$\leq \| u_1 \|_2 \cdot \| u_2 \|_2 + \| e_{2T} \|_2 \cdot \| u_1 \|_2 + (\gamma \| e_{2T} \|_2 + \beta) \| u_2 \|_2$$
$$= (\| u_1 \|_2 + \gamma \| u_2 \|_2) \cdot \| e_{2T} \|_2 + (\beta + \| u_1 \|_2) \| u_2 \|_2 \tag{4.94}$$

一方,式(4.91),式(4.92)より

$$\langle e_1, H_1 e_1 \rangle_T + \langle e_2, H_2 e_2 \rangle_T \geq \delta \| e_{2T} \|_2^2 + \alpha_1 + \alpha_2 \quad (4.95)$$

式(4.94)と式(4.95)より

$$\delta \| e_{2T} \|_2^2 - a \| e_{2T} \|_2 + b \leq 0 \quad (4.96)$$

を得る.ここで,$\delta > 0$ かつ

$$a = (\| u_1 \|_2 + \gamma \| u_2 \|_2)$$
$$b = \alpha_1 + \alpha_2 - (\beta + \| u_1 \|_2) \cdot \| u_2 \|_2$$

であり,$u_1, u_2 \in L_2^n$ より a, b は有限な値である.したがって,式(4.96)より $T \to \infty$ で $\| e_{2T} \|_2$ は有限な値をとらなければならない.したがって,$e_2 \in L_2^n$ が結論される.式(4.93)より $y_2 \in L_2^n$ が従い,$y_1 = e_2 - u_2$,$e_1 = u_1 - y_2$ から $y_1, e_1 \in L_2^n$ が従う.したがって,考えているフィードバックシステムは L_2 安定となる.

~~~~~~~~~~~~~~~ 演 習 問 題 ~~~~~~~~~~~~~~~

【1】 質量 m の質点を長さ l のひもでつるした単振子の運動方程式は,ひもが垂直軸となす角を θ,重力加速度を g とすると

$$ml\ddot{\theta} = -mg \sin \theta$$

で与えられる.$x_1 = \theta$,$x_2 = \dot{\theta}$ とおき,このシステムの安定性を調べよ.

【2】 つぎのシステムを考える.

$$\begin{cases} \dot{x}_1 = x_2(x_3 - 2) \\ \dot{x}_2 = -x_1(x_3 - 1) \\ \dot{x}_3 = x_1 x_2 \end{cases}$$

リアプノフ関数を

$$V(x, y, z) = ax_1^2 + bx_2^2 + cx_3^3, \quad a, b, c \geq 0$$

の形で探すことにより,原点は安定な平衡点であることを示せ.

【3】 つぎのシステムの平衡点の安定性を調べよ.

$$\begin{cases} \dot{x}_1 = -x_1 - x_2^2 \\ \dot{x}_2 = -x_2 - x_1^2 \end{cases}$$

【4】 つぎのシステムの平衡点の安定性を線形化の方法で調べよ。
$$\begin{cases} \dot{x}_1 = -x_2 \\ \dot{x}_2 = x_1 + (x_1^2 - 1)x_2 \end{cases}$$

【5】 式(4.87)のばね・ダンパ系において出力 $y(t)$ を dz/dt とする。このシステムに $u = -ky$ というフィードバックをほどこすとき，任意の $k>0$ に対してこのフィードバックシステムは L_2 安定となることを示せ。

5 特殊な動的システム

　動的システムの表現法としては，微分方程式による状態方程式表現が最もよく用いられている．3章の例のように，多くの物理系は状態方程式によるモデル化が可能である．状態方程式で表された動的システムは，因果的なシステムを表しており，因果的なシステムの表現法としては状態方程式がつぎの点ですぐれていると考えられる．

　まず，2.3節で述べたように状態変数は現在時刻以前の入力信号が動的システムに与えた影響を集約した量として導入されている．すなわち，状態変数はシステムの将来の振舞いを完全に決定できるための必要かつ十分な情報を蓄えている変数である．状態変数の現在の値（初期値）と将来の入力を知れば，システムの将来の挙動を完全に決定することができる．したがって，この状態変数を用いてシステムを記述した状態方程式表現は，システムの解析や設計に対して合理的な表現であるといえる．

　さらに微分方程式で表現された状態方程式については，微分方程式の理論を用いて解析を行うことができ，特に線形時不変システムについてはその構造がよく知られている．

　このように状態方程式の合理性と扱いやすさという理由で，この表現形式が多く用いられているのである．しかしこの状態方程式表現がシステム表現において万能というわけではなく，ある種の物理システムは状態方程式で書き表すことができない†1)．また，状態方程式に帰着できるシステムでもその物理的性質を保存させるために，あえて状態方程式とは異なる形のシステムとして表現することがある．

　この章では状態方程式とは異なる形式のモデリングの例として，ディスクリプタシステムと特異摂動システムの二つのシステム表現について説明する．

---

† このような物理システムの例としては引用・参考文献1)を参照．

5.1 ディスクリプタシステム

つぎの線形システムを考える。
$$E\dot{x}(t) = Ax(t) + Bu(t) \tag{5.1}$$
ここで，E は $n \times n$ 行列，$x(t)$ はディスクリプタ変数とよばれる n 次元ベクトル，$u(t)$ は入力を表す m 次元ベクトルである。さらに，式(5.1)は $t \geqq 0$ で定義されており，$x(t)$ の初期値 $x(0)$ は $t = 0$ で任意に与えられているものとする。式(5.1)をディスクリプタ方程式とよび，この式によって表されるシステムのことをディスクリプタシステムという。E が正則な行列の場合には，両辺に E^{-1} をかけることによって通常の状態方程式を得るから，ディスクリプタ方程式による表現は状態方程式を特別な場合として含む。

状態方程式という便利な動的システムの表現方法があるにもかかわらず，ディスクリプタ方程式を考える必然性は，この方程式が動的システムのモデリングに対してきわめて高い表現能力をもっていることによる。そのために状態方程式でモデリングできないシステムでも，ディスクリプタ方程式によって表現できる場合がある。さらに，ディスクリプタ変数による表現は，対象の物理的な構造を保存した表現である。例えば，運動に拘束のある力学系は，拘束条件を表す代数方程式と運動を表す微分方程式との連立方程式となるが，このようなシステムもディスクリプタ方程式を用いれば自然な形で表現することができる。

5.1.1 ディスクリプタシステムの例

ここで，力学システムの例を示す。図 5.1 のシステムを考察する。質量 M_1, M_2 の二つの物体が摩擦を無視できる台上を，ばね定数 k_1, k_2 をもつ二つのばね a, b につながれて運動している。質量 M_2 に働く力を $u(t)$，ばね a, b の張力をそれぞれ h_a, h_b とし，M_1, M_2 の基準の位置からのずれをそれぞれ Z_1, Z_2 とすると運動方程式は

5. 特殊な動的システム

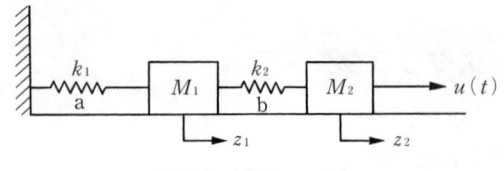

図5.1 ばねシステム

$$\begin{cases} M_1 \ddot{z}_1 = h_b - h_a \\ M_2 \ddot{z}_2 = u - h_b \\ h_a = k_1 z_1 \\ h_b = k_2 (z_2 - z_1) \end{cases} \tag{5.2}$$

と書ける。ディスクリプタ変数 $x_1, \cdots, x_6$ を $x_1 = z_1$, $x_2 = z_2$, $x_3 = \dot{z}_1$, $x_4 = \dot{z}_2$, $x_5 = h_a$, $x_6 = h_b$ ととると, 式(5.2)は

$$\begin{bmatrix} 1 & & & & & \\ & 1 & & & 0 & \\ & & M_1 & & & \\ & & & M_2 & & \\ & 0 & & & 0 & \\ & & & & & 0 \end{bmatrix} \cdot \begin{bmatrix} \dot{x}_1 \\ \dot{x}_2 \\ \dot{x}_3 \\ \dot{x}_4 \\ \dot{x}_5 \\ \dot{x}_6 \end{bmatrix} = \begin{bmatrix} 0 & 0 & 1 & 0 & 0 & 0 \\ 0 & 0 & 0 & 1 & 0 & 0 \\ 0 & 0 & 0 & 0 & -1 & 1 \\ 0 & 0 & 0 & 0 & 0 & -1 \\ k_1 & 0 & 0 & 0 & -1 & 0 \\ -k_2 & k_2 & 0 & 0 & 0 & -1 \end{bmatrix} + \begin{bmatrix} 0 \\ 0 \\ 0 \\ 1 \\ 0 \\ 0 \end{bmatrix}$$
$$\tag{5.3}$$

のディスクリプタ方程式になる。いまの場合, 行列 E は正則ではないため E^{-1} をかけて状態方程式に変えることはできない。しかし張力を表す x_5, x_6 を式(5.3)の中の代数関係の式を用いて消去すると, x_1, x_2, x_3, x_4 に関するつぎの方程式, 今度は状態方程式を得ることができる。

$$\begin{bmatrix} \dot{x}_1 \\ \dot{x}_2 \\ \dot{x}_3 \\ \dot{x}_4 \end{bmatrix} = \begin{bmatrix} 0 & 0 & 1 & 0 \\ 0 & 0 & 0 & 1 \\ -\dfrac{k_1 + k_2}{M_1} & \dfrac{k_2}{M_1} & 0 & 0 \\ \dfrac{k_2}{M_2} & -\dfrac{k_2}{M_2} & 0 & 0 \end{bmatrix} \cdot \begin{bmatrix} x_1 \\ x_2 \\ x_3 \\ x_4 \end{bmatrix} + \begin{bmatrix} 0 \\ 0 \\ 0 \\ 1 \end{bmatrix} u \tag{5.4}$$

このようにディスクリプタ方程式から，代数的な関係を表している変数を消去することができれば，純粋に動的な関係だけを表している状態方程式が得られる。逆に，式(5.4)の状態方程式だけからは式(5.3)のディスクリプタ方程式を得ることはできない。このことから，式(5.4)ではなんらかの物理的な情報が落とされていることがわかる。具体的には，状態方程式，式(5.4)では静的な関係が無視されているのである。場合によってはこのような静的な関係は不必要で，式(5.3)のディスクリプタ方程式は冗長な変数を含んでいると考えられる。しかし，ばねにかかる張力をある値以下に制限したいというような場合には，ばねの張力を変数として含むシステムを考えるのが都合がよい。

いまの例では，代数的な関係を表している変数を消去することによって状態方程式に帰着させることができたが，一般的にはこのような消去が可能とはかぎらず，状態方程式に帰着できるとはかぎらない。その意味で，ディスクリプタ方程式が動的システムのより一般的な表現であるといえる。

5.1.2 ディスクリプタシステムの解

さて，つぎに式(5.1)で表されているディスクリプタシステムの解を求めることを考える。式(5.1)をラプラス変換すると

$$(sE - A)X(s) = Ex(0_-) + BU(s) \tag{5.5}$$

を得る。ここで $X(s)$，$U(s)$ はそれぞれ $x(t)$，$u(t)$ のラプラス変換で $x(0_-)$ は $x(t)$ の初期値を表す。この式より $X(s)$ が一意に解けるためには，$sE - A$ が s の関数として正則であることが必要かつ十分である。すなわち

$$\det(sE - A) \not\equiv 0 \tag{5.6}$$

が式(5.1)のディスクリプタ方程式が一意解をもつための必要十分条件である。

さて，式(5.6)が成り立つとき式(5.5)より

$$X(s) = (sE - A)^{-1}Ex(0_-) + (sE - A)^{-1}BU(s) \tag{5.7}$$

が成り立つ。したがって，式(5.1)の解はこの式を逆ラプラス変換することによって得ることができる。しかし，通常の状態方程式の解とは違い，いまの場合にはインパルスモードとよばれる δ 関数やその微分を含むモードが解に含

まれることがあるので注意が必要である。このことを少し詳しく調べてみよう。

$sE - A$ は式(5.6)の関係を満たすとき,行列の理論においてレギュラペンシルとよばれている。レギュラペンシルは正則行列 M, N を適当に選ぶことによって次式のようなクロネッカー標準形に変形できることが知られている[2]。

$$M(sE - A)N = \begin{bmatrix} sI_r - A_1 & 0 \\ 0 & I_{n-r} - sL \end{bmatrix} \tag{5.8}$$

ここで, A_1 は $r \times r$ 行列で L は $(n-r) \times (n-r)$ のべき零行列である。さらに r は $\det(sE - A)$ の s の多項式としての次数

$$r = \deg \det(sE - A) \tag{5.9}$$

である。変数変換

$$N^{-1}x = \begin{bmatrix} x_1 \\ x_2 \end{bmatrix} \tag{5.10}$$

を行って, M を式(5.1)の両辺に左から掛けることによって

$$\dot{x}_1 = A_1 x_1 + B_1 u \tag{5.11}$$

$$L\dot{x}_2 = x_2 + B_2 u \tag{5.12}$$

を得る。ここで, x_1, x_2 はそれぞれ r, $n-r$ 次元ベクトル,さらに

$$MB = \begin{bmatrix} B_1 \\ -B_2 \end{bmatrix} \tag{5.13}$$

とおいた。結局,式(5.1)のディスクリプタ方程式は,指数モードとよばれる式(5.11)の状態方程式の形をした部分と式(5.12)の部分に分解されることになる。式(5.11)の形をした方程式の性質はすでにわかっているので,残りの式(5.12)についてその性質を調べることにする。

式(5.12)をラプラス変換し, $X_2(s)$ についてとくと

$$X_2(s) = (sL - I_{n-r})^{-1} L x_2(0_-) + (sL - I_{n-r})^{-1} B_2 U(s) \tag{5.14}$$

となる。ここで $X_2(s)$, $U(s)$ はそれぞれ $x_2(t)$, $u(t)$ のラプラス変換で $x_2(0_-)$

は $x_2(t)$ の任意の初期値である。L がべき零行列であることを用いれば $(sL - I_{n-r})^{-1}$ の級数展開は有限項で打ち切られ

$$X_2(s) = -\sum_{i=0}^{q-2} s^i L^{i+1} x_2(0_-) - \sum_{i=0}^{q-1} s^i L^i B_2 U(s) \qquad (5.15)$$

となる。ただし，q を行列 L のべき零指数，すなわち $L^q = 0$ となる最小の正数としている。式(5.15)を逆ラプラス変換すれば

$$x_2(t) = -\sum_{i=0}^{q-2} \delta^{(i)}(t) L^{i+1} x_2(0_-) - \sum_{i=0}^{q-1} L^i B_2 u^{(i)}(t) \qquad (5.16)$$

を得る。ただし，$\delta^{(i)}(t)$, $u^{(i)}(t)$ はそれぞれ δ 関数と入力を i 回微分したものを表す。ここで式(5.1)のシステムが $t \geq 0$ に対して定義されており，$t = 0$ で任意の初期値を取り得るものとすれば，式(5.16)からわかるように $L \neq 0$ の場合には式(5.12)の解はインパルスモードとよばれる δ 関数やその微分といったものを含むことになる。しかし，初期値として式(5.16)の右辺第1項を0とするような $x_2(0_-)$ だけを考える場合には，インパルスモードは生じないことになる。このような初期条件を許容初期条件とよぶが，これは式(5.16)の第1項が0だから

$$x_2(0_-) = -\sum_{i=0}^{q-1} L^i B_2 u^{(i)}(0)$$

のときであることがわかる。一方，$L = 0$ の場合には

$$x_2(t) = -B_2 u(t) \qquad (5.17)$$

となり，インパルス的な応答は生じない。したがって，$L = 0$ のときには式(5.1)のディスクリプタシステムはインパルスモードをもたないことになる。さらに，$L = 0$ となるための必要十分条件は

$$\text{rank } E = r = \deg \det(sE - A) \qquad (5.18)$$

が成り立つことである[3]。

つぎに式(5.1)で入力を0とした自律システム

$$E\dot{x}(t) = Ax(t), \quad x(t) \in R^n \qquad (5.19)$$

の安定性を考えてみる。まず，解の存在性を保証するために $\det(sE - A) \not\equiv 0$ の場合を考える。このときシステム式(5.19)はインパルスモードをもたず，

かつ指数モードが安定なとき，安定であると定義される．このような定義が妥当であることは，解の性質の議論から明らかであろう．式(5.12)で $L=0$ のときにはいまの場合，入力 $u(t)=0$ だから，$x_2(t) \equiv 0$ となる．したがって，システムの動的な部分は式(5.11)で $u(t) \equiv 0$ とおいたものだけになるから，A_1 が安定行列ならば式(5.19)のディスクリプタシステムは安定ということになる．

【例5.1】 図5.2の電気回路においてコンデンサCの容量を1とし，$t=0_-$ でコンデンサの電圧を $x_2(0_-)$ とし，流入する電流を $x_1(t)$ とする．このとき，$t=0$ でスイッチSを閉じたときの $t \geq 0$ におけるシステムの振舞いはつぎのディスクリプタ方程式で記述される．

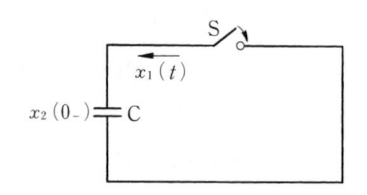

図5.2 スイッチングシステム

$$\begin{bmatrix} 0 & 1 \\ 0 & 0 \end{bmatrix} \cdot \begin{bmatrix} \dot{x}_1 \\ \dot{x}_2 \end{bmatrix} = \begin{bmatrix} 1 & 0 \\ 0 & 1 \end{bmatrix} \cdot \begin{bmatrix} x_1 \\ x_2 \end{bmatrix}$$

いまの場合，rank $E=1$ で deg det$(sE-A)=0$ だから

rank $E \neq$ deg det$(sE-A)$

となり，解はインパルスモードをもつ．実際，$[sE-A]$ のクロネッカー標準形は $M=I$, $N=-I$ ととることにより

$$M[sE-A]N = I - \begin{bmatrix} 0 & 1 \\ 0 & 0 \end{bmatrix} s$$

となるから，これより

$$L = \begin{bmatrix} 0 & 1 \\ 0 & 0 \end{bmatrix}$$

だから，式(5.16)より

$$\begin{bmatrix} x_1(t) \\ x_2(t) \end{bmatrix} = \begin{bmatrix} -x_2(0_-)\delta(t) \\ 0 \end{bmatrix}$$

が解となる．すなわち，この解は $t=0$ で無限大の電流 $x_1(t)$ が流れ，瞬時に電圧 $x_2(0)$ は 0 になるという電気回路の振舞いを表しているのである．

5.2 特異摂動システム

動的システムの中には，その動的な挙動の変化速度に顕著な差がみられるものがある．

例えば，電力発電システムでは大型の火力発電所は発電量が多いが，電力需要の変動に対してはきわめて緩慢な応答しかできない．一方，小型のガスタービン発電機は発電量は比較的少ないが，速い応答性をもっている．そこで全体の発電システムとしては，このような応答速度が大きく異なるシステムを組み合わせて電力の供給システムを構成している．

また，化学反応においては全体の反応システムが著しく異なる反応速度をもつ多数の反応から成り立っているということがたびたび見られる．

具体的な例として直流電動機の方程式を考えてみよう．電動機軸の回転角速度を $x(t)$ とし，電動機に加える電圧を $u(t)$，電流を $z(t)$ とすると

$$J\frac{dx}{dt} = Tz \tag{5.20}$$

$$\mu\frac{dz}{dt} = -Kx - Rz + u \tag{5.21}$$

となる．ここで，J は電動機の慣性モーメントで，T はトルク定数，μ は電機子インダクタンス，R は巻線抵抗，K は逆起電力定数である．通常，機械的な慣性を表す J に比べ電気的な慣性を表す μ は非常に小さな値となる．そこで $\mu \to 0$ となる極端な場合を考えてみると，式(5.21)の右辺は μ に依存しないから，$dz/dt \to \infty$ となることがわかる．このことより μ が J に比べて十分小さい場合には z の速度 dz/dt は x の速度 dx/dt に比べて非常に大きくな

ることが知られる。電動機の方程式は変数 $x(t)$ の表す機械的な動的部分と，変数 $z(t)$ の表す電気的な動的部から成り立っており，一般に機械的な変化は慣性が大きいため電気的現象に比べてゆっくり変化するのである。

このようなシステムをモデル化する方法として特異摂動システムという考え方があり，一般的な特異摂動システムの表現は次式のように与えられる。

$$\Sigma_\mu : \begin{cases} \dot{x} = f(x, z, u(t)), \ x(0) = x_0 & (5.22) \\ \mu \dot{z} = g(x, z, u(t)), \ z(0) = z_0 & (5.23) \end{cases}$$

ここで，$x(t) \in R^n$ および $z(t) \in R^m$ は状態ベクトル，$u(t) \in R^r$ は入力ベクトルで t に関し連続微分可能な時間の関数であり，さらに f, g はすべての変数に関して連続微分可能で μ は正の小さな値をもつパラメータとする。

式(5.23)の両辺を μ で割ってしまえば通常の状態方程式になるが，特異摂動システムでは式(5.23)のままで考えることにする。式(5.23)より $\dot{z} = g/\mu$ だから μ が十分小さいとすると，$\dot{z}$ の各成分の絶対値は大きな値を取ることになり，$z(t)$ は $x(t)$ に比べて十分速い変化をすることになる。このように Σ_μ は速い変化をする状態変数 $z(t)$ と，それに比べてゆっくり変化する状態変数 $x(t)$ を含んだ動的システムの一般的な表現である。

特異摂動法[4]を用いれば，Σ_μ に二つのタイムスケールを導入することにより，これを近似的に二つのサブシステム，退化システムと境界層システムに分解することができ，これらのサブシステムを解析することにより，近似的に Σ_μ を解析することが可能となる。以下で二つのサブシステムを求め，これらを用いて Σ_μ を解析してみよう。

Σ_μ において μ が十分小さいとし，近似的に $\mu = 0$ とおくと，式(5.23)より

$$0 = g(\bar{x}, \bar{z}, u(t)) \tag{5.24}$$

を得るが，この式が $\bar{z}$ に関して一意に解くことができると仮定して $\bar{z}$ について解いた式を

$$\bar{z} = h(\bar{x}, u(t)) \tag{5.25}$$

とする。ここで $\bar{x}, \bar{z}$ は $\mu \neq 0$ の場合である Σ_μ の解 x, z と区別しなけれ

5.2 特異摂動システム

ばならない．式(5.25)を式(5.22)に代入すると

$$\Sigma_s : \dot{\bar{x}} = f(\bar{x},\ h(\bar{x},\ u(t)),\ u(t)) \tag{5.26}$$

となり，与えられた時間関数 $u(t)$ を入力とする $\bar{x}$ だけに関する微分方程式を得る．このシステム Σ_s を Σ_μ の退化システムとよぶ．

つぎに新しい変数 y を導入し，変数変換

$$y = z - \bar{z} = z - h(x,\ u(t)) \tag{5.27}$$

を行う．このとき Σ_μ は

$$\begin{cases} \dfrac{dx}{dt} = f(x,\ y + h(x,\ u(t)),\ u(t)) & (5.28) \\[2mm] \mu \dfrac{dy}{dt} = g(x,\ y + h(x,\ u(t)),\ u(t)) \\[2mm] \qquad\qquad - \mu \dfrac{\partial h}{\partial x} f(x,\ y + h(x,\ u)) - \mu \dfrac{\partial h}{\partial u} \dot{u} & (5.29) \end{cases}$$

となる．

つぎに $t = \mu\tau$ というタイムスケール変換を行って新しいタイムスケール τ を導入する．$t = \mu\tau$ だから τ が 1 秒経過する間に t は μ が十分小さければ，ほとんど時間が経過しないことになる．さて

$$t = \mu\tau, \qquad dt = \mu d\tau \tag{5.30}$$

の関係を用いて式(5.28)，(5.29)を新しいタイムスケール τ を用いて書き換えると

$$\begin{cases} \dfrac{dx}{d\tau} = \mu f(x,\ y + h(x,\ u(\mu\tau)),\ u(\mu\tau)) & (5.31) \\[2mm] \dfrac{dy}{d\tau} = g(x,\ y + h(x,\ u(\mu\tau)),\ u(\mu\tau)) \\[2mm] \qquad\qquad - \mu \dfrac{\partial h}{\partial x} f(x,\ y + h(x,\ u(\mu\tau))) - \mu \dfrac{\partial h}{\partial u} \dot{u}(\mu\tau) & (5.32) \end{cases}$$

となる．ここで μ が十分小さいとして $\mu \to 0$ とすると

$$\dfrac{dx}{d\tau} = 0 \tag{5.33}$$

$$\dfrac{dy}{d\tau} = g(x,\ y + h(x,\ u(0)),\ u(0)) \tag{5.34}$$

となるが，$x(0) = x_0$ であることに注意すれば式(5.33)より $x(\tau) = x_0$ となり，これを式(5.34)に代入して

$$\Sigma_f : \frac{dy}{d\tau} = g(x_0, y + h(x_0, u(0)), u(0)), \quad y(0) = z_0 - h(x_0, u(0))$$
(5.35)

を得るが，このシステム Σ_f を境界層システムという。ここで，$x_0 \in R^n$，$u(0) \in R^r$ は定数パラメータと考える。境界層システム Σ_f のタイムスケールは τ で，退化システム Σ_s のタイムスケールは t である。このように二つの異なるタイムスケールを導入することによって二つのサブシステム Σ_s，Σ_f が定義された。Σ_s によってもとのシステム Σ_μ のゆっくり変化する現象を近似し，Σ_f によって速く変化する現象を近似しようというのが特異摂動法の基本的な考え方である。

式(5.35)の右辺で $y = 0$ とおくと

$$g(x_0, h(x_0, u(0)), u(0)) = 0 \tag{5.36}$$

となることが，式(5.24)および式(5.25)よりわかるから，$y = 0$ は式(5.35)の微分方程式の平衡点である。式(5.35)の平衡点 $y = 0$ に関する漸近安定性について考えてみる。式(5.35)は y に関する微分方程式であるが，パラメータ x_0，$u(0)$ を含んでいる。定義4.1および定義4.2において漸近安定性の定義を行ったが，このときの δ がパラメータ x_0，$u(0)$ の値に依存せずに選べるならば式(5.35)は平衡点 $y = 0$ に関し一様漸近安定であるといわれる。ここでつぎの仮定を行う。

【仮定1】 式(5.35)の平衡点 $y = 0$ は一様漸近安定な平衡点でさらに初期値 $y(0) = z_0 - h(x_0, u(0))$ は吸引領域に属していると仮定する。 □

つぎに平衡点 $y = 0$ における g のヤコビ行列

$$\frac{\partial g}{\partial y}(x_0, h(x_0, u(0)), u(0))$$

の Σ_s の解に沿った値の固有値

$$\lambda\left\{\frac{\partial g}{\partial y}(\bar{x}(t), h(\bar{x}(t), u(t)), u(t))\right\}$$

を $\lambda\{\partial g/\partial y\}$ と書くことにする。

【仮定2】

$$\mathrm{Re}\,\lambda\left\{\frac{\partial g}{\partial y}\right\} \leqq -c < 0 \tag{5.37}$$

が任意の $t \in [0, T]$ に対して成り立つとする。ただし $-c$ は負の定数である。 □

このとき，つぎの Tikhonov の定理が成り立つ[4]。

【定理 5.1】 $\sum_\mu$ の解を $x(t)$, $z(t)$, $\sum_s$ の解を $\bar{x}(t)$, $\bar{z}(t)$ とする。仮定1および仮定2が成り立つならばつぎの近似が成立する。

μ^* が存在し，$0 < \mu < \mu^*$ を満たす任意の μ に対し

$$x(t) - \bar{x}(t) = 0(\mu) \tag{5.38}$$

$$z(t) - \bar{z}(t) - y\left(\frac{t}{\mu}\right) = 0(\mu) \tag{5.39}$$

が任意の $t \in [0, T]$ に対して成り立つ。さらに任意の t_1 に対し $\bar{\mu}$ が存在し，$0 < \mu < \bar{\mu}$ を満たす μ に対し

$$z(t) - \bar{z}(t) = 0(\mu) \tag{5.40}$$

が任意の $t \in [t_1, T]$ に対して成り立つ。 □

この定理中の $x(t) - \bar{x}(t) = 0(\mu)$ などの意味は，正の定数 μ^* と k が存在して

$$\|x(t) - \bar{x}(t)\| \leqq k\mu, \quad \forall \mu \in [0, \mu^*], \quad \forall t \in [0, T] \tag{5.41}$$

が成り立つという意味である。ここで $\|\cdot\|$ はユークリッドノルムを表している。

Tikhonov の定理は，直感的には，以下のように説明される。式(5.27)によれば，$y(t)$ は $\sum_\mu$ を $\sum_s$ で近似した際の誤差を表している。したがって，$y(t)$ が0の近傍にとどまり続けるかぎり $\sum_s$ の解は $\sum_\mu$ の解をよく近似していると考えられる。しかし，初期時刻においては，$y(0) = z_0 - h(x_0, u(0))$ であり，z の初期値 z_0 は，一般には $z_0 = h(x_0, u(0))$ を満たしていない。したがって，$y(0)$ は平衡点から離れたところにあるが，仮定1によって $y(\tau)$ は τ のスケー

ルで0の近傍に漸近する。これをtのスケールでみれば非常に短い時間で平衡点近傍に到達することになる。この間の補正項が境界層補正とよばれ，式(5.39)の$y(t/\mu)$がこの項を表している。

さらに，平衡点近傍に到達した解は，仮定2によって長い時間，すなわち，tのタイムスケールでみたときに平衡点近傍に留まり続けることになる。

結局，特異摂動システムΣ_μの解は，退化システムΣ_sと境界層システムΣ_fという二つのサブシステムの解によって近似解が構成されることがわかった。ただし，この定理はTがいくら大きくともよいが，有限な区間$[0, T]$上だけで成り立つことを主張しているのであり，$T \to \infty$とすることはできないことに注意する必要がある。

ところで，初めに述べたようにもともとの特異摂動システムの式で式(5.23)の両辺をμで割れば通常の状態方程式になる。そこでこの式を直接とくことによって近似解ではない正確な解が求まるわけで，特異摂動法は無駄なようにも考えられる。しかしΣ_μでμが微少なパラメータである場合にはスティフな方程式とよばれ，nの次数が大きくなるにつれて数値解を求めることが困難になることが知られている。そのために特異摂動法が必要となるのである。さらに動的システムがゆっくり変化する現象と，速く変化する現象から成り立っている場合には，その物理的特徴を抽出するような解析法が望ましいと考えられる。

なお，特異摂動システムは5.1節で述べたディスクリプタシステムの特別な場合とも考えられるが，特異摂動システムでは変化速度の差という現象に注目しているという点で扱い方が異なるのである。

【例5.2】 式(5.20)，(5.21)の電動機の運動方程式を考える。これらの式は一般的な特異摂動システムの式において

$$f(x, z) = \frac{T}{J}z$$

$$g(x, z) = -kx - Rz + u$$

$$h(x,\ u) = -\frac{K}{R}x + \frac{1}{R}u$$

とした場合に相当しているので，式(5.26)の Σ_s はいまの場合

$$\Sigma_s : \dot{\bar{x}} = -\frac{KT}{RJ}\bar{x} + \frac{T}{RJ}u \tag{5.42}$$

となり，式(5.35)の Σ_f は

$$\Sigma_f : \frac{dy}{d\tau} = -Ry,$$

$$y(0) = z_0 - h(x_0,\ u(0)) \tag{5.43}$$

となる。Σ_f は x_0，$u(0)$ に無関係に大域的に漸近安定だから，当然，仮定1が成り立つ。さらに

$$\lambda\left\{\frac{\partial g}{\partial y}\right\} = -R < 0 \tag{5.44}$$

だから仮定2も成り立つ。したがって，定理より式(5.38)などの近似が成り立つことがわかる。このことはいまの場合，解を求めることによって直接確かめることができる。

5.3 特異摂動システムの安定性

前節の Tikhonov の定理は有限な時間区間においてのみ成立するので，この定理によって特異摂動システム Σ_μ の安定性を議論することはできない。そこでリアプノフ関数を用いて特異摂動システムの安定性を調べてみる。

つぎの線形特異摂動システムを考える。

$$\Sigma_\mu : \begin{cases} \dot{x} = A_{11}x + A_{12}z & (5.45) \\ \mu\dot{z} = A_{21}x + A_{22}z & (5.46) \end{cases}$$

ここで，$x(t) \in R^n$，$z(t) \in R^m$ とし，A_{22} を正則な行列と仮定する。このシステムは式(5.22)，(5.23)において

$$f(x,\ z,\ u) = A_{11}x + A_{12}z$$

$$g(x,\ z,\ u) = A_{21}x + A_{22}z$$

とした場合になっており

$$h(x, u) = -A_{22}^{-1}A_{21}x = hx \tag{5.47}$$

となる。

ここで，$-A_{22}^{-1}A_{21} = h$ とおくことにする。したがって，退化システム Σ_s は

$$\Sigma_s : \dot{\bar{x}} = \Gamma\bar{x} \tag{5.48}$$

となる。

ここで，$\Gamma = A_{11} - A_{12}A_{22}^{-1}A_{21}$ である。つぎに変数変換

$$y = z - hx \tag{5.49}$$

を行うと，もとのシステム Σ_μ は次式のようになる。

$$\dot{x} = \Gamma x + A_{12}y \tag{5.50}$$

$$\mu\dot{y} = A_{22}y - \mu h[\Gamma x + A_{12}y] \tag{5.51}$$

さらに式(5.35)より境界層システムとして

$$\Sigma_f : \frac{dy}{d\tau} = A_{22}y \tag{5.52}$$

を得る。

このとき Σ_μ の安定性についてつぎの定理が成り立つ。

【定理5.2】 Σ_μ の退化システム Σ_s および境界層システム Σ_f が漸近安定とすると，正の数 μ^* が存在して $\mu \in (0, \mu^*)$ なる任意の μ に対してもとのシステム Σ_μ は漸近安定となる。

【証明】 定理4.5によって Σ_s の漸近安定性より次式を満たすリアプノフ関数 $Y = \bar{x}^T P \bar{x}$ が存在する。

$$\Gamma^T P + P\Gamma = -I \tag{5.53}$$

$$\dot{Y} = -\|\bar{x}\|^2 \tag{5.54}$$

同様に Σ_f の漸近安定性より，リアプノフ関数 $W = y^T Q y$ が存在して次式を満たす。

$$A_{22}{}^T Q + Q A_{22} = -I \tag{5.55}$$

$$\dot{W} = -\|y\|^2 \tag{5.56}$$

さて，システム Σ_μ に対するリアプノフ関数の候補として

$$V(x, y) = Y(x) + W(y) \tag{5.57}$$

を考えてみる．このとき $V(0, 0) = 0$ かつ $x = y = 0$ でなければ $V(x, y) > 0$ となるから V は正定関数である．つぎに dV/dt を計算すると

$$\begin{aligned}
\frac{dV}{dt} &= Y_x \dot{x} + W_y \dot{y} \\
&= Y_x(\Gamma x + A_{12}y) + \frac{1}{\mu} W_y(A_{22}y - \mu h[\Gamma x + A_{12}y]) \\
&= -\|x\|^2 + 2x^T P A_{12} y - \frac{1}{\mu}\|y\|^2 - 2y^T Qh\Gamma x - 2y^T QhA_{12}y \\
&\leq -\|x\|^2 + 2(\|PA_{12}\|_{\mathrm{ind}} + \|Qh\Gamma\|_{\mathrm{ind}})\|x\|\cdot\|y\| \\
&\quad - \frac{1}{\mu}(1 - 2\mu\|QhA_{12}\|_{\mathrm{ind}})\|y\|^2
\end{aligned} \tag{5.58}$$

となる．ここで $\|\cdot\|_{\mathrm{ind}}$ は 4.2 節で定義した行列の誘導ノルムである．これより，もし

$$\mu < \frac{1}{2\|QhA_{12}\|_{\mathrm{ind}} + (\|PA_{12}\|_{\mathrm{ind}} + \|QhP\|_{\mathrm{ind}})^2} = \mu^* \tag{5.59}$$

ならば

$$\frac{dV}{dt} < 0 \quad (x = y \neq 0) \tag{5.60}$$

が $0 < \mu < \mu^*$ を満たす任意の μ に対して成り立ち，これより Σ_μ の漸近安定性が結論される．

演習問題

【1】 例 5.1 において回路に直列に直流抵抗 r を挿入した場合のディスクリプタ方程式を求め，$r \neq 0$ であるかぎり，インパルスモードをもたないことを示せ．

【2】 つぎのディスクリプタ方程式において $SE - A$ はレギュラペンシルではないことを示し，実際にこの方程式をとくことによって解が一意でないことを示

せ。
$$\begin{bmatrix} 0 & 1 & 0 \\ 0 & 0 & 0 \\ 0 & 0 & 0 \end{bmatrix} \cdot \begin{bmatrix} \dot{x}_1 \\ \dot{x}_2 \\ \dot{x}_3 \end{bmatrix} = \begin{bmatrix} 0 & 0 & 1 \\ 1 & 0 & 0 \\ 0 & 0 & 0 \end{bmatrix} \cdot \begin{bmatrix} x_1 \\ x_2 \\ x_3 \end{bmatrix}$$

【3】 $\mu > 0$ が十分小さな値をとるとき，つぎのシステムが安定であることを示せ。
$$\begin{cases} \dot{x}_1 = x_2 + x_3 \\ \dot{x}_2 = -x_1 - 2x_2 + x_3 \\ \mu \dot{x}_3 = x_2 - x_3 \end{cases}$$

非線形動的システムの挙動

1章でみたように，**システム**（system）は**線形システム**（linear system）と**非線形システム**（nonlinear system）に分けられる。ここでは，非線形動的システムの挙動の特徴を，機械・機器・構造物でみられる振動を例にして考える。

6.1 非線形動的システムのモデル化と挙動

非線形システムの意味を復習しておこう。自動車が，車体全体としてどのような上下運動するかを予測したいとする。上下運動だけを問題にするので，図6.1のように，自動車を，質点，ばね，ダンパからなると考える。ここで質点は等価質量を，ばねはタイヤやサスペンションなどの復元力を，そしてダンパはショックアブソーバなどの減衰力を表す要素である。質点の上下の変位を x とし，等価質量を m とする。復元力は変位 x に，減衰力は速度 $\dot{x}$ にほぼ比例する場合が多いので，ここでもこれが成り立つとする。復元力の比例定数を

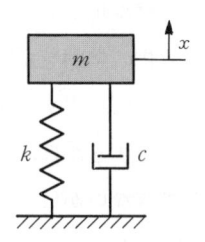

図6.1 自動車のモデル化

k,減衰力の比例定数を c とおく。このとき,復元力は向きが変位と逆だから式 $-kx$ で,減衰力は向きが速度と逆だから式 $-c\dot{x}$ でそれぞれ与えられる。このように考えると,自動車の上下運動を支配する方程式は

$$m\ddot{x} = -kx - c\dot{x}$$

したがって

$$m\ddot{x} + c\dot{x} + kx = 0 \tag{6.1}$$

となる。得られた式は,変数 x あるいはその微分に関して一次式となっており,線形方程式である。以上が線形システムによるモデル化の例である。

 実在の対象物は,厳密にいえば線形システムではモデル化できない。上の例で復元力は,厳密には変位 x に比例せず,多くの場合,一次式でない x の式で与えられる。ここではこれを $-R(x)$ とする。同じように,上の例で減衰力は,厳密には速度 $\dot{x}$ に比例せず,多くの場合,一次式でない x,$\dot{x}$ の式となる。これを $-D(x, \dot{x})$ とおく。このように考えると,自動車の上下運動を支配する方程式は

$$m\ddot{x} + R(x) + D(x, \dot{x}) = 0 \tag{6.2}$$

となる。得られた式は非線形方程式である。これが非線形システムによるモデル化の例である。

 実在の対象物をモデル化するとき,より厳密だからといって,つねに非線形システムでモデル化するのが適切であるとはいえない。対象物を非線形システムでモデル化したときに必要となる非線形方程式の解析は,線形方程式の解析と比べて一般にはるかに難しい。したがって線形システムでモデル化して得られる結果が,非線形システムでモデル化して得られる結果と比べて,多少精度が悪いだけである場合には,線形システムでモデル化するのが普通である。しかし線形システムでモデル化したのでは,対象物の挙動を説明できないときがある。この場合は,対象物を非線形システムでモデル化する必要がある。対象物を線形,非線形のいずれのシステムでモデル化するかは,必ずしも非線形性の大小によるのでなく,挙動が説明できるかできないかによることが多い。適切なモデル化のためには,非線形システムとなる要因と,それによって引き起

こされる挙動の特徴をよく理解しておく必要がある。

非線形システムの動的挙動は複雑で変化に富む。ここでは非線形システムの動的挙動の例として，機械・機器・構造物にみられる非線形振動を取り上げ，その特徴を簡単に述べる。なお振動の分野では，システムの代わりに系という用語を用いることが多いので，以下ではこの用語を用い，例えば非線形システムは非線形系ということにする。

6.2 非線形要素の例

機械・機器・構造物などを非線形系にする要因は多い。ここでは振動の問題と関連するもので，対象物を非線形系にする要因の主要なものを列挙する。

[1] **材料非線形性**

対象とする機械・機器・構造物が変形させられたとき，その復元力は変位に比例すると仮定される場合が多い。変位が小さい場合は，多くの材料，特に金属材料について，この仮定は比較的精度よく成り立つ。しかし材料によってこの仮定は成り立たない。例えば，ゴムやコンクリートのようなものでは復元力と変位は比例しない。したがってこれらの材料から作られる対象物をモデル化すると，復元力の特性に起因して，対象物は非線形系となる。この場合の非線形性を材料非線形性という。

[2] **幾何学的非線形性**

例として，両端を軸方向に拘束されたはりを考える。このはりは，小さい変位に対しては，振動工学の教科書に述べられているように，曲げに起因する復元力だけを考慮すればよく，材料特性が線形であれば，線形系としてモデル化できる。しかし変位が大きくなると，小さい変位に対して無視できた軸方向の張力が大きくなり，材料自体は線形性を示しても，はり全体としては非線形系となる。このように，大きい変位に起因して引き起こされる非線形性を幾何学的非線形性という。多くの対象物は，大きい変位に対しては非線形系としてモデル化する必要がある。

[3] 非線形減衰力

運動している対象物が受ける減衰力は種々の特性をもつ．しばしば出合う減衰力では，上述の例のように，減衰力は速度に比例すると仮定される．この性質は，粘性の低い流体に起因する減衰力については比較的正しい．しかし粘性の高い液体に起因する減衰力ではこの仮定が成り立たず，このような減衰力の作用する系は非線形系となる．多くの対象物で出合うクーロン摩擦も非線形減衰力の例である．変位が小さい間は減衰力と逆に運動を促進する作用をし，変位が大きくなると通常の減衰力に転ずる，興味深い特性の減衰力も非線形減衰力の例である．

[4] がた・あそび・リミッタ

機械にがたは避けられず，またあそびが必要なことがある．機械や構造物には必要に応じてリミッタが設けられる．これらの要素が対象物に存在するとき，運動する部分ががたなどの内部にあるかそうでないかによって，復元力が急激に変化する．がた，あそび，リミッタなどは対象物を非線形系にする．

[5] 流体関連力

対象物が流体内におかれたとき，対象物は流体力を受ける．流体力は対象物の変位と相互作用して一般に複雑な特性を示すので，流体力を受ける対象物は，線形系としてモデル化できない場合が多い．

[6] 非線形境界条件

機械や構造物の境界部は，実際の問題では，通常の解析の問題でよく用いられる，固定支持とか単純支持のような簡単なものではない．境界部は復元力と減衰力を生じ，これらが非線形性をもつことが多い．この場合，対象物は全体として非線形系となる．

[7] 電磁力

対象物が電場，磁場におかれたとき，それらは電磁力を受ける．この電磁力は，流体関連力と同じように非線形性を示し，対象物は，非線形系としてモデル化されなければならないことが多い．

6.3 自由振動

この章のはじめに，自動車のモデル化の例を示した．このモデルは一つの変数を未知数とするので1自由度系といわれる．機械・機器・構造物の簡単なモデルは，このような1自由度系である．

この節では，図6.1の系を水平にして得られる図6.2の1自由度系を考える．ばねの復元力は非線形性をもつとする．系に外力は作用しないとする．この系がなにかの原因で平衡状態からずらされると，復元力によって**自由振動** (free vibration) が引き起こされる．この1自由度系を例にして，非線形系の自由振動の特徴を考えよう．

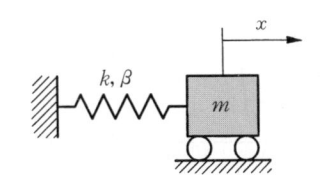

図6.2　1自由度系

復元力は，多くの機械・機器・構造物において，変位 x が小さい間は変位に比例し，x がある程度大きくなるとずれはじめる．このような復元力を表す式として，k, β を定数とした x の式 $-(kx + \beta x^3)$ がある．ここでは復元力はこの式で与えられるとする．この系は非線形系で，支配方程式は

$$m\ddot{x} + kx + \beta x^3 = 0 \tag{6.3}$$

である．この形の方程式を**ダフィングの方程式** (Duffing's equation) という．この式は，ω_0, ε を定数として

$$\ddot{x} + \omega_0^2 x + \varepsilon x^3 = 0 \tag{6.4}$$

の形に書き直される．ここで特に

$$\omega_0 = \sqrt{k/m} \tag{6.5}$$

は，系に固有の値であることに注意しよう．以下では式(6.4)を基礎式とする．

解析解を考える前に，式(6.4)を適当な数値積分法でとくことによって自由

振動の特徴をみておこう．比較のため，まず式(6.4)において $\varepsilon = 0$ とおいた式

$$\ddot{x} + \omega_0^2 x = 0 \tag{6.6}$$

で支配される線形系を考える．初期条件として，$t = 0$ における初期変位 $x = a_0$ を異なった値とし，初期速度 $\dot{x}$ を同じ $\dot{x} = 0$ とする二つの場合を取り上げる．**図 6.3** は，このようにして得た自由振動の波形である．図から，いずれの自由振動も同じ周期をもつことがわかる．

$\omega_0 = 1$
(a) $t = 0 : x = 1, \dot{x} = 0$
(b) $t = 0 : x = 2, \dot{x} = 0$

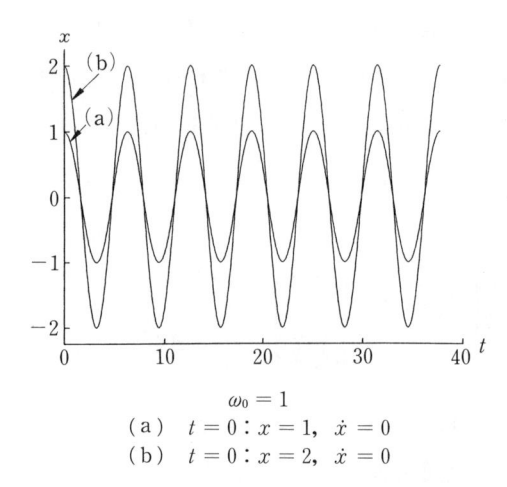

図 6.3 線形系における自由振動

つぎに式(6.4)で $\varepsilon \neq 0$ として，上と同じ初期条件とした場合に得た自由振動の波形を**図 6.4** に示す．この図から，二つの振動の周期が異なることがわかる．初期条件の違いは振動の振幅の違いとなって現れるので，非線形系では，自由振動の角振動数は振幅によって異なると予想される．

上で予想したことを理論解析によって確かめよう．ここでも比較のため，はじめ式(6.6)で支配される線形系の解を示す．式(6.6)の一般解は

$$x = a \cos(\omega_0 t + \phi) \tag{6.7}$$

である．ここで a，ϕ は任意定数である．式(6.7)から，線形系では，振動の角振動数は系に固有の値 ω_0 であることがわかる．この角振動数 ω_0 を**固有角**

6.3 自由振動

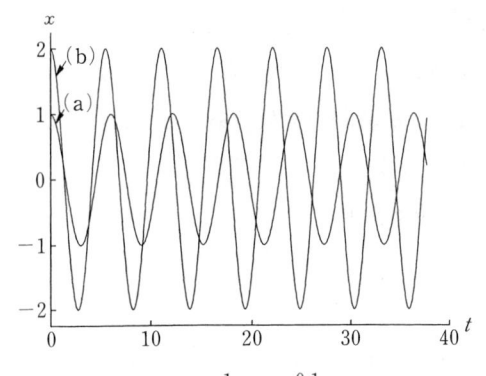

$\omega_0 = 1, \; \varepsilon = 0.1$
(a) $t = 0 : x = 1, \; \dot{x} = 0$
(b) $t = 0 : x = 2, \; \dot{x} = 0$

図 6.4 非線形系における自由運動

振動数 (natural angular frequency) という。式(6.7)に含まれる任意定数は初期条件によって定められる。初期条件として例えば，$t = 0$ において $x = a_0$, $\dot{x} = 0$ が与えられたとする。これを満たす解は

$$x = a_0 \cos \omega_0 t \tag{6.8}$$

である。

つぎに $\varepsilon \neq 0$ として式(6.4)を解析する。一般に非線形微分方程式の厳密解を求めることは，例外的な場合を除いて不可能である。しかし工学の多くの問題では，非線形項は線形項に比較して小さく，この場合に限定すれば，実用的に有用な近似解を得ることは可能である。ここでも非線形項は小さい，いいかえると非線形項の係数 ε は小さいとする。非線形項が小さい場合に適用できる近似解法として多くの方法が開発されているが，ここでは**クリロフ** (Krylov) と**ボゴリューボフ** (Bogoliubov) によって提案された**平均法** (method of averaging) を採用する。

式(6.4)において，もし $\varepsilon = 0$ ならば，上述のように，一般解は

$$x = a \cos(\omega_0 t + \phi) \tag{6.9}$$

で，またその時間微分は

$$\dot{x} = -\omega_0 a \sin(\omega_0 t + \phi) \tag{6.10}$$

である。平均法では，$\varepsilon \neq 0$ のときの $x, \dot{x}$ を，形はそれぞれ式(6.9)，(6.10)と同じであるが，a, ϕ が定数でなく時間のゆるやかな関数であるとして解析を進める。a, ϕ が時間の関数であるとしたとき，式(6.9)の微分が式(6.10)に一致するためには

$$\dot{a} \cos\varphi - a\dot{\phi} \sin\varphi = 0 \tag{6.11}$$

でなければならない。ここで記述の簡単のため，記号

$$\varphi = \omega_0 t + \phi \tag{6.12}$$

を導入した。式(6.9)，(6.10)が式(6.4)を満たすためには

$$-\omega_0 \dot{a} \sin\varphi - a\omega_0 \dot{\phi} \cos\varphi + \varepsilon a a^3 \cos^3\varphi = 0 \tag{6.13}$$

でなければならない。このようにして a, ϕ を定める式として式(6.11)，(6.13)を得る。この2式を連立させて，$\dot{a}, \dot{\phi}$ を求めると

$$\left.\begin{array}{l} \omega_0 \dot{a} = \varepsilon a^3 \cos^3\varphi \sin\varphi \\ \omega_0 \dot{\phi} = \varepsilon a^2 \cos^4\varphi \end{array}\right\} \tag{6.14}$$

となる。式(6.9)，(6.10)は，変数 $x, \dot{x}$ から変数 a, ϕ への変換と解釈できる。したがって式(6.14)は厳密な方程式である。もし式(6.14)をとくことができれば，その結果を式(6.9)に代入することによって，もとの問題の厳密解が得られる。しかし式(6.14)をとくことは難しいので，これを近似式で置き換える。このため右辺を展開すると，式(6.14)は

$$\left.\begin{array}{l} \omega_0 \dot{a} = \dfrac{\varepsilon a^3}{8}(2\sin 2\varphi + \sin 4\varphi) \\ \omega_0 \dot{\phi} = \dfrac{\varepsilon a^2}{8}(3 + 4\cos 2\varphi + \cos 4\varphi) \end{array}\right\} \tag{6.15}$$

となる。この式の右辺の括弧内は，定数項と，角振動数 $2\omega_0, 4\omega_0$ で変化する項とからなる。後者の項は，短い時間に正と負の値をとって平均的に 0 であるので，a, ϕ に系統的な変化をあまり与えない。そこで角振動数 $2\omega_0, 4\omega_0$ で変化する項を無視すると，式(6.15)は

$$\left.\begin{array}{l} \omega_0 \dot{a} = 0 \\ \omega_0 \dot{\phi} = \dfrac{3}{8}\varepsilon a^2 \end{array}\right\} \tag{6.16}$$

6.3 自由振動

となる。これは式(6.14)よりはるかにやさしい式である。これをといて a, ϕ を定め，その結果を式(6.9)に代入すれば，解 x が得られる。以上が平均法による解析の手順である。

式(6.16)をとこう。初期条件として，線形系の場合と同じように，$t = 0$ において $x = a_0$, $\dot{x} = 0$ が与えられているとする。この条件は a, ϕ で表せば $a = a_0$, $\phi = 0$ となる。初期条件のうち $a = a_0$ を考慮すると，式(6.16)の第1式から

$$a = a_0 \tag{6.17}$$

を得る。これを第2式に代入すると

$$\dot{\phi} = \frac{3}{8\omega_0}\varepsilon a_0^2$$

を得る。残りの初期条件 $\phi = 0$ を考慮して，この式をとけば

$$\phi = \frac{3}{8\omega_0}\varepsilon a_0^2 t \tag{6.18}$$

を得る。したがって解 x は

$$x = a_0 \cos\left[\left(\omega_0 + \frac{3}{8\omega_0}\varepsilon a_0^2\right)t\right] \tag{6.19}$$

となる。この式で $\varepsilon \to 0$ とすれば，これは式(6.8)に帰着される。

式(6.19)の結果から，自由振動の角振動数 ω は

$$\omega = \omega_0 + \frac{3}{8\omega_0}\varepsilon a_0^2 \tag{6.20}$$

で与えられることがわかる。これは，角振動数 ω が振幅 a_0 に依存することを示している。この結果は数値積分によって予想したとおりである。

以上は，1自由度系を例にした場合の自由振動の特徴である。一般に非線形系では，線形系の場合と異なって，自由振動の角振動数は**振幅依存性**（frequency-amplitude interaction）をもつ。

6.4 強制振動―調和共振

前節と同じ1自由度系に,周期的な外力が作用する場合に引きこされる**強制振動**(forced oscillation)を考える.この場合は,減衰力を考慮したほうが,系の動的挙動をよく説明するので,$-c\dot{x}$ の形の減衰力が作用する場合を考える.強制振動の基本となる問題は,調和外力による強制振動である.そこでここでは,外力として $F\cos\omega t$ の形の調和外力が作用するものとする.

以上のように問題を設定すると,系を支配する方程式は,式(6.3)の右辺に $-c\dot{x}$ と $F\cos\omega t$ を加えて得られる式

$$m\ddot{x} + c\dot{x} + kx + \beta x^3 = F\cos\omega t \tag{6.21}$$

となる.これは,外力を受ける機械・機器・構造物を非線形系でモデル化するとき,しばしばみられる,基本的な方程式である.

多くの実用的な系では,式(6.21)の各項のうち,減衰項,非線形項は小さい.そこでこれらの項は小さいとし,近似解法を適用する際の便宜のため,式(6.21)を

$$\ddot{x} + 2\varepsilon\zeta\dot{x} + \omega_0^2 x + \varepsilon\alpha x^3 = F_0\cos\omega t \tag{6.22}$$

と書き直す.ここで ε は,減衰項,非線形項の係数が小さいことを明示するために導入されたもので,$2\varepsilon\zeta$,$\varepsilon\alpha$ がそれぞれ係数としての意味をもつ.以下,式(6.22)を基礎式とする.

比較のため,はじめに,式(6.22)で $\varepsilon\alpha = 0$ とした式

$$\ddot{x} + 2\varepsilon\zeta\dot{x} + \omega_0^2 x = F_0\cos\omega t \tag{6.23}$$

で支配される線形系の強制振動を思い出しておこう.この式の解は,容易に導かれるように

$$x = a\cos(\omega t + \phi) \tag{6.24}$$

で与えられる.ここに

$$\left.\begin{aligned} a &= \frac{F_0}{\sqrt{(\omega_0{}^2 - \omega^2)^2 + (2\varepsilon\zeta)^2\omega^2}} \\ \phi &= -\tan^{-1}\frac{2\varepsilon\zeta\omega}{\omega_0{}^2 - \omega^2} \end{aligned}\right\} \quad (6.25)$$

である。式(6.23)の解は，数学的に厳密な意味では，右辺を0とした同次式の一般解と，ここで示した特解とを加えたものである。しかし同次式の一般解は自由振動を意味し，自由振動は減衰力によって時間が経過すると消滅するので，定常状態では，式(6.24)が式(6.23)の解となる。式(6.24)で与えられる**定常振動**（steady-state vibration）が線形系の強制振動である。

上で得られた強制振動の特徴をみておこう。式(6.25)から，強制振動の振幅 a は外力の角振動数 ω に依存することがわかる。この依存性を示すため，振幅 a を角振動数 ω の関数として示した曲線を**共振曲線**（resonance curve）という。図 **6.5** に共振曲線の例を示す。この曲線から，ω が系の固有角振動数 ω_0 に近い，すなわち $\omega \fallingdotseq \omega_0$ が成り立つ場合に，振幅が大きくなることがわかる。この現象を**共振**（resonance）という。

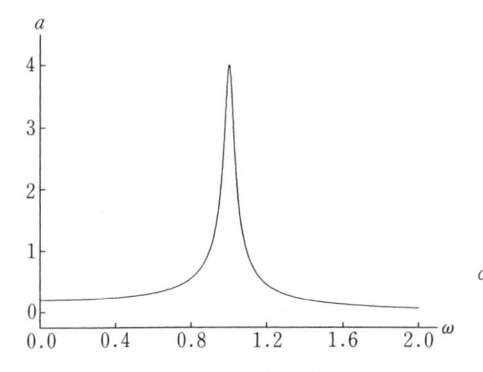

$\omega_0 = 1,\ 2\varepsilon\zeta = 0.05,\ F_0 = 0.2$

図 **6.5** 線形系の共振曲線

つぎに $\varepsilon a \neq 0$ として，非線形系の強制振動を考える。非線形系に対しては，線形系に対する式(6.24)の解のように，角振動数 ω やその他の係数に制限を付けない一般的な場合の解を求めることはできない。ここでは角振動数 ω が $\omega \fallingdotseq \omega_0$ 付近の値をとる，工学的に重要な場合を取り上げる。また F_0 は小さいとし，これをあらためて εF_0 とおく。このとき系を支配する方程式は

$$\ddot{x} + 2\varepsilon\zeta\dot{x} + \omega_0^2 x + \varepsilon\alpha x^3 = \varepsilon F_0 \cos\omega t \tag{6.26}$$

となる。

平均法で解析するため，式(6.26)で ε を含む係数を 0 とした方程式を考える。この方程式の一般解は，a, ϕ を定数として，式(6.9)の形となる。ここで $\omega \fallingdotseq \omega_0$ に注意して，式(6.9)の代わりに

$$x = a\cos(\omega t + \phi) \tag{6.27}$$

を出発の式とする。この時間微分は

$$\dot{x} = -\omega a \sin(\omega t + \phi) \tag{6.28}$$

である。平均法の考え方に従って，x, $\dot{x}$ を，形はそれぞれ式(6.27)，(6.28)と同じであるが，a, ϕ が時間のゆるやかな関数であると考える。以下，記号

$$\varphi = \omega t + \phi \tag{6.29}$$

を導入する。これ以降は上と同じように平均法の手順に従えば，近似をしない時点で，$\dot{a}$, $\dot{\phi}$ を与える式として

$$\begin{aligned}\omega\dot{a} &= (\omega_0^2 - \omega^2)a\cos\varphi\sin\varphi - 2\varepsilon\zeta\omega a\sin^2\varphi + \varepsilon\alpha a^3\cos^3\varphi\sin\varphi \\ &\quad - \varepsilon F_0 \cos\omega t \sin\varphi \\ \omega a\dot{\phi} &= (\omega_0^2 - \omega^2)a\cos^2\varphi - 2\varepsilon\zeta\omega a\sin\varphi\cos\varphi + \varepsilon\alpha a^3\cos^4\varphi \\ &\quad - \varepsilon F_0 \cos\omega t \cos\varphi\end{aligned} \tag{6.30}$$

を得る。前と同じように，この式の右辺のうち，系統的な変化を与える項を残して他を無視すると

$$\left.\begin{aligned}\omega\dot{a} &= -\varepsilon\zeta\omega a - \frac{1}{2}\varepsilon F_0 \sin\phi \\ \omega a\dot{\phi} &= \frac{1}{2}(\omega_0^2 - \omega^2)a + \frac{3}{8}\varepsilon\alpha a^3 - \frac{1}{2}\varepsilon F_0 \cos\phi\end{aligned}\right\} \tag{6.31}$$

を得る。この式の a, ϕ を初期条件を満たすように定め，式(6.27)に代入すれば，解 x が定められる。

式(6.31)の解のうち，特に一定振幅となる定常状態の解を求めよう。この定常状態で $\dot{a} = 0$, $\dot{\phi} = 0$ が成り立つ。これを式(6.31)に代入すると，定常状

態での a, ϕ を定める式として

$$\left.\begin{array}{l}(2\varepsilon\zeta)^2 a^2 + \left[(\omega^2 - \omega_0^2) - \dfrac{3}{4}\varepsilon\alpha a^2\right]^2 a^2 = (\varepsilon F_0)^2 \\[2mm] \phi = -\tan^{-1}\dfrac{2\varepsilon\zeta\omega}{(\omega_0^2 - \omega^2) + \dfrac{3\varepsilon\alpha}{4}a^2}\end{array}\right\} \quad (6.32)$$

を得る．この式で $\varepsilon\alpha \to 0$ とすれば，これは式 (6.25) に帰着される．

式 (6.32) の第 1 式は a^2 に関して三次式となっている．この式をといて，振幅として意味をもつ正の実数値を定めれば，定常振動の振幅 a が定められる．外力の角振動数 ω を変えて式 (6.32) をとけば，強制振動の振幅 a と外力の角振動数 ω の関係を示す共振曲線が得られる．共振曲線の一例を**図 6.6** に示す．この図から，角振動数 ω が $\omega \fallingdotseq \omega_0$ 付近の値をとるとき，a は大きな値となり，線形系と同じように共振を生じることがわかる．非線形系では，この共振を特に**調和共振** (harmonic resonance) という．

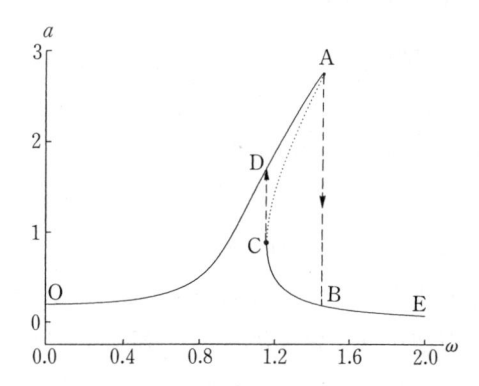

$\omega_0 = 1$, $2\varepsilon\zeta = 0.05$, $F_0 = 0.2$, $\varepsilon\alpha = 0.2$

図 6.6 非線形系の共振曲線

図 6.6 から，ω の値により，a の値として最大三つ定められることがわかる．ここで，これらの振幅の定常振動がすべて発生するかを考える．このため式 (6.26) に戻り，a の値が三つ定められる範囲のある一つの角振動数 ω に対して，初期条件をいろいろ変えて，この式を数値積分法でとく．得られた振動波形の一例を**図 6.7** に示す．この図のそれぞれ上図は外力 $\varepsilon F_0 \cos \omega t$，下図はこれによって引き起こされた振動 x を表す．いずれの x においても初めのほ

6. 非線形動的システムの挙動

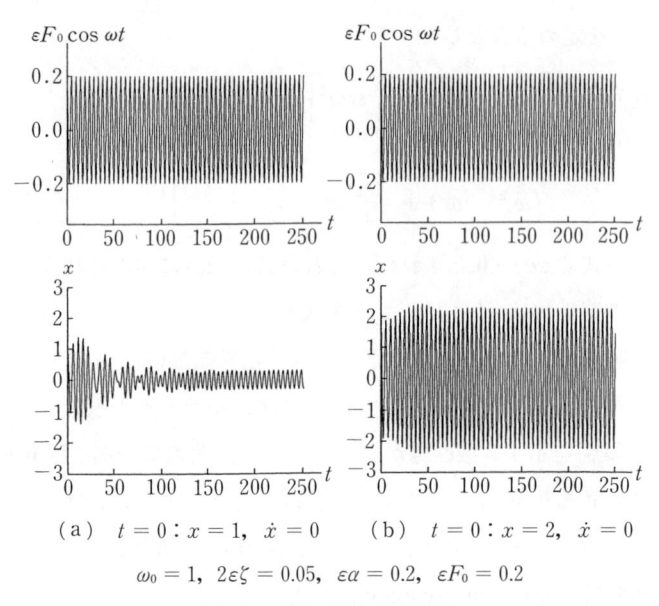

図 6.7 初期条件と定常振動

(a) $t=0 : x=1, \dot{x}=0$ (b) $t=0 : x=2, \dot{x}=0$

$\omega_0 = 1$, $2\varepsilon\zeta = 0.05$, $\varepsilon a = 0.2$, $\varepsilon F_0 = 0.2$

うでは初期条件の影響が残っているが，時間が経つにつれて一定振幅の定常振動となっている．この図に示されるように，初期条件によって，分枝 OA あるいは分枝 CE の定常振動は発生するが，分枝 CA の定常振動は発生しないことが予想される．

三つの定常振動のうち，二つが発生し，残りの一つは発生しないことを，式 (6.31) によって確認しよう．このための準備として，定常振動の安定・不安定をつぎのように定義する．いま式 (6.27) の形の定常振動が，ある振幅 $a = a_1$ とある位相 $\phi = \phi_1$ で生じていたとする．この振動がなにかの原因で乱され，振幅や位相がわずかにずれたとする．このずれが時間の経過にとともに増大するとき，定常振動は不安定であるとし，そうでなければ安定であるとする．自然界では小さな乱れは避けられない．この小さな乱れが系に加えられた瞬間から，不安定な定常振動は別の振動に移行してしまう．このようにして，不安定な定常振動は現実には発生しないといえる．

上の定義に基づいて，図 6.6 に示されている定常振動の安定・不安定を定め

る方法を示す．振幅 $a = a_1$，位相 $\phi = \phi_1$ に加えられたずれを ξ, η とする．定常振動の a, ϕ にずれが加えられた $a = a_1 + \xi$, $\phi = \phi_1 + \eta$ は式(6.31)を満たすので，これを式(6.31)に代入する．得られた式でずれ ξ, η は小さいとして，この式を線形化する．このようにすると，ξ, η に関する定数係数の線形微分方程式が得られる．

この方程式の特性方程式によって，解 ξ, η の安定・不安定を定める．定義から，解 ξ, η の安定・不安定が振幅 $a = a_1$, 位相 $\phi = \phi_1$ の定常振動の安定・不安定に対応する．このようにして定常振動の安定・不安定を定めた結果を，図 6.6 の共振曲線では，実線で安定を，波線で不安定を示した．この図から，分枝 OA と分枝 CE を振幅とする定常振動は安定であるが，CA を振幅とする定常振動は不安定であることがわかる．これで数値積分による結果が確認された．

図 6.6 から，非線形系における共振が，線形系における共振と比べて，興味深い現象を伴うことがわかる．外力の角振動数 ω を小さな値からゆるやかに増加させる場合を考える．このとき振幅は，図の曲線に沿ってしだいに大きくなるが，A 点の ω に達すると，そこから先は連続した曲線はなくなり，図の A 点から B 点の振幅まで急に小さくなる．逆に外力の角振動数 ω を大きな値からゆるやかに減少させるとき，図の C 点の ω に達すると，振幅は C 点の振幅から D 点の振幅まで急に大きくなる．このように，A 点，B 点の ω の付近で，ω のわずかの変化によって，振幅が急激に変化する現象を **跳躍現象** (jump phenomenon) という．また跳躍現象の生じる角振動数は，ω が増加する場合と減少する場合で異なり，いわゆる **履歴現象** (hysteresis phenomenon) を示す．

一般に非線形系において，外力の角振動数が系の固有角振動数に近いとき，共振を生じることは線形系の場合と同じであるが，振幅の変化は，線形系の場合と異なり，跳躍現象や履歴現象を伴う．

6.5 強制振動—分数調波共振

前節で，外力の角振動数 ω と固有角振動数 ω_0 の間で $\omega \fallingdotseq \omega_0$ が成り立つとき，線形系でも非線形系でも振幅が大きくなり，共振が生じることをみた．線形系に対する式(6.24)の解は，ω の任意の値に対して成り立つ．したがってこの解から，線形系では，$\omega \fallingdotseq \omega_0$ の付近以外で振幅が大きくなることはないことがわかる．しかし非線形系に対して前節で求めた解は，$\omega \fallingdotseq \omega_0$ の付近のみで成り立つものである．

したがってこの解からは，外力の角振動数 ω が ω_0 以外の値をとるとき，どのようになるかはいえない．実は非線形系では，系の特性に応じて，ω が ω_0 以外のいくつかの値の付近で，振幅が大きくなることがある．そこで非線形系においては，前項で述べた調和共振を**主共振**（primary resonance）といい，これ以外の角振動数の付近で振幅が大きくなる現象を，まとめて**副共振**（secondary resonance）という．この節では，副共振の一つで，しばしばみられるものを考える．

ふたたび，式(6.22)で支配される系を考える．ここでは角振動数 ω が $\omega \fallingdotseq 3\omega_0$ の付近にある場合を取り上げる．外力はここでは，特に小さいとする制限はつけず，式(6.22)に与えられている F_0 をそのままにしておく．

解析解を考える前に，式(6.22)のパラメータに適当な値を与え，数値積分法でとくことによって振動の特徴をみておく．初期条件の影響がなくなるまで十分長い時間にわたって数値積分する．図 6.8 は，このようにして得た振動波形の例である．図の上図の $F_0 \cos \omega t$ は外力，下図の x はそれによって引き起こされた振動である．図を観察すると，発生している振動は，外力の3周期分を1周期としており，外力の角振動数の1/3を角振動数とする振動成分を大きく含んでいることがわかる．

上では振動波形を観察して，その振動成分を検討した．振動に含まれる成分を定量的にみるのに，振動波形をフーリエスペクトルに分解する方法がある．

6.5 強制振動—分数調波共振

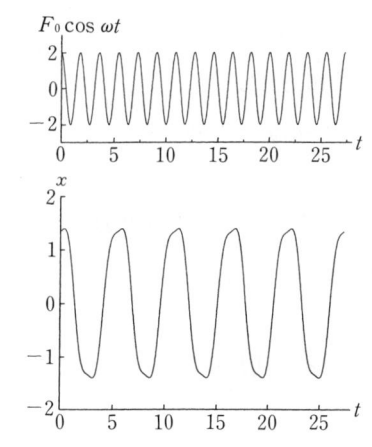

$\omega_0 = 1$, $2\varepsilon\zeta = 0.01$, $\varepsilon a = 0.2$,
$F_0 = 2$, $\omega = 3.45$

図 6.8 分数調波共振の振動波形

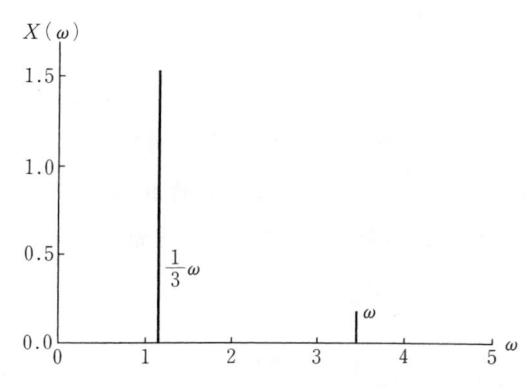

図 6.9 分数調波共振のフーリエスペクトル

図 6.8 の振動波形をフーリエスペクトルに分解すると，**図 6.9** のようになる．この図の横軸は角振動数 ω，縦軸は振動成分の大きさ $X(\omega)$ を表す．この図から，図 6.8 の振動は，波形の観察で得たように，外力の角振動数の $1/3$ を角振動数とする振動成分を主要な成分として含んでいることがわかる．

式 (6.22) を理論的に解析し，上述のような振動が発生することを確認しよう．まず式 (6.22) を平均法が適用できる形とするため，未知数 x を

$$x = y + Q\cos\omega t \tag{6.33}$$

とおく．ここで

$$Q = \frac{F_0}{\omega_0^2 - \omega^2} \qquad (6.34)$$

である。式(6.33)の置き換えによって，式(6.22)は

$$\ddot{y} + \omega_0^2 y + 2\varepsilon\zeta(\dot{y} - \omega Q \sin\omega t) + \varepsilon\alpha(y + Q \cos\omega t)^3 = 0 \qquad (6.35)$$

となる。

式(6.35)を平均法でとくため，εのついた係数をすべて0とおいた方程式を考える。この式の一般解は，a, ϕを任意定数として

$$y = a\cos(\omega_0 t + \phi) \qquad (6.36)$$

である。ここで$\omega \fallingdotseq 3\omega_0$に注意して，この式の代わりに

$$y = a\cos\left(\frac{1}{3}\omega t + \phi\right) \qquad (6.37)$$

を考える。この式の時間微分は

$$\dot{y} = -\frac{1}{3}\omega a \sin\left(\frac{1}{3}\omega t + \phi\right) \qquad (6.38)$$

である。平均法の考え方に従って，式(6.35)を満たす$y, \dot{y}$を，形はそれぞれ式(6.37)，(6.38)と同じであるが，a, ϕが時間のゆるやかな関数であるとする。これ以降は平均法の手順に従えば，a, ϕを定める方程式として

$$\omega \dot{a} = -\varepsilon\zeta\omega a + \frac{9\varepsilon\alpha Q}{8}a^2 \sin 3\phi$$

$$\omega a \dot{\phi} = 3\left\{\frac{1}{2}\left(\omega_0^2 - \frac{\omega^2}{9}\right) + \frac{3\varepsilon\alpha Q^2}{4}\right\}a + \frac{9\varepsilon\alpha}{8}a^3 + \frac{9\varepsilon\alpha Q}{8}a^2 \cos 3\phi\right\}$$

$$(6.39)$$

を得る。この式からa, ϕを求め，式(6.37)によってyを定め，さらに式(6.33)に代入すれば，解xが

$$x = a\cos\left(\frac{1}{3}\omega t - \phi\right) + \frac{F_0}{\omega_0^2 - \omega^2}\cos\omega t \qquad (6.40)$$

の形で得られる。

式(6.39)の解のうち，特にyが一定振幅となる定常状態の解を求めよう。この定常状態では$\dot{a} = 0, \dot{\phi} = 0$であるから，この条件を代入する。パラメータを実際の問題でみられる適当な値として，定常状態のa, ϕを求めると，

6.5 強制振動—分数調波共振

$a=0$ 以外に, $a \neq 0$ となる解が得られる. $\omega \fallingdotseq 3\omega_0$ の付近で得られた a の値を ω の関数として**図 6.10** に示した. ここで得られる定常振動の安定性も, 調和共振の場合と同様に定めることができる. 図で実線は安定, 破線は不安定な定常振動の振幅を表す.

この図から, $\omega \fallingdotseq 3\omega_0$ のとき安定な定常振動が発生し, 大きな振幅となることがわかる. したがって, 外力の角振動数の $1/3$ を角振動数とする振動成分を主要な成分とする振動が発生する. このような振動が発生する現象を**分数調波共振**（subharmonic resonance）あるいは次数をつけて $1/3$ 次分数調波共振という.

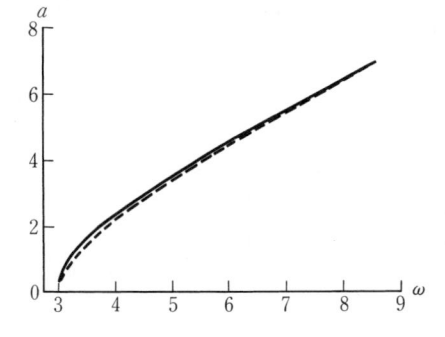

$\omega_0 = 1$, $2\varepsilon\zeta = 0.01$,
$\varepsilon\alpha = 0.2$, $F_0 = 2$

図 6.10 分数調波共振の共振曲線

一般に, m, n を大きくない整数として, 外力の角振動数 ω が固有角振動数 ω_0 の n/m 倍に近く $\omega \fallingdotseq (n/m)\omega_0$ が成り立つとき, 外力の角振動数の m/n を角振動数とする振動を主要な成分とする振動が発生することがある. この現象を一般に分数調波共振あるいは次数をつけて m/n 次分数調波共振という. 分数調波共振によって発生する振動の角振動数は, 振動の原因となっている外力の角振動数と異なる.

トラブルシューティングのため振動源を探りたいとき, 線形系の場合と異なって, 発生している現象の角振動数と振動源の角振動数が異なる場合があることを理解しておく必要がある. このときの振動は, 調和共振の場合より一般に波形が複雑になっており, 疲労破壊を早く引き起こす原因となる.

6.6 強制振動—結合共振

上の三つの節では1自由度系を対象にしてきた。現実の問題では，対象物は通常，もっと自由度の大きい多自由度系あるいは連続系でモデル化される。多自由度系や連続系では，1自由度系で見られない別の形の副共振もあり得る。

例として，図6.11に示す2自由度系に調和外力が作用する場合を考える。この系は，水平な床の上におかれた2個の質点と，壁と質点あるいは質点どうしをつなぐばねからなる。左右の質点の質量をともに m とする。左のばねの復元力が変位の一次と三次の項からなる多項式で与えられ，一次の係数を k，三次の係数を β とする。中央，右のばねの復元力は変位の一次式で，係数をそれぞれ k', k とする。左右の質点に外力 $F_{10}\cos\omega t$, $F_{20}\cos\omega t$ が作用するものとする。この系の運動方程式は

$$\left.\begin{array}{l} m\ddot{x}_1 + (k+k')x_1 - k'x_2 + \beta x_1^3 = F_{10}\cos\omega t \\ m\ddot{x}_2 - k'x_1 + (k+k')x_2 = F_{20}\cos\omega t \end{array}\right\} \quad (6.41)$$

となる。

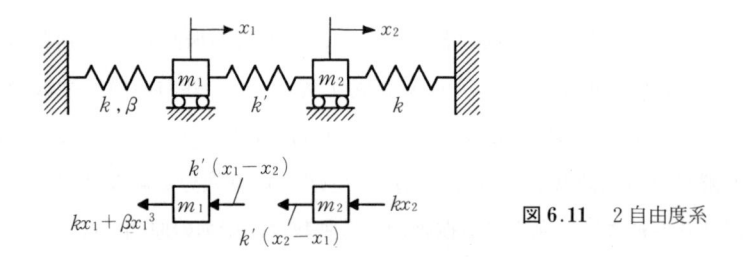

図6.11 2自由度系

この方程式を，非線形系の解析でよく用いられる方法に従って，解析に都合のいい形に変換する。

このための準備として，上の式で非線形項および右辺の外力の項を無視して得られる線形方程式

6.6 強制振動—結合共振

$$\left. \begin{array}{l} m\ddot{x}_1 + (k+k')x_1 - k'x_2 = 0 \\ m\ddot{x}_2 - k'x_1 + (k+k')x_2 = 0 \end{array} \right\} \quad (6.42)$$

を例にして，いわゆる基準座標で表す方法を確認しておく．まず上式で支配される線形系の自由振動の問題を解析し，固有角振動数とモードベクトルを求めると，固有角振動数は

$$\omega_{10} = \sqrt{\frac{k}{m}}, \quad \omega_{20} = \sqrt{\frac{k+2k'}{m}} \quad (6.43)$$

であり，モードベクトルは

$$\{\phi_1\} = \begin{Bmatrix} 1 \\ 1 \end{Bmatrix}, \quad \{\phi_2\} = \begin{Bmatrix} 1 \\ -1 \end{Bmatrix} \quad (6.44)$$

であることが導かれる．つぎに理論モード解析の方法に従って，変数変換の式

$$\begin{Bmatrix} x_1 \\ x_2 \end{Bmatrix} = \{\phi_1\}x_1' + \{\phi_2\}x_2' = \begin{bmatrix} 1 & 1 \\ 1 & -1 \end{bmatrix} \begin{Bmatrix} x_1' \\ x_2' \end{Bmatrix} \quad (6.45)$$

を考える．このとき導入された変数 x_1', x_2' を一般に**基準座標** (normal coordinate) という．この変数変換の式によって，式(6.42)を変数 x_1', x_2' の式に書き直すと

$$\left. \begin{array}{l} \ddot{x}_1' + \omega_{10}^2 x_1' = 0 \\ \ddot{x}_2' + \omega_{20}^2 x_2' = 0 \end{array} \right\} \quad (6.46)$$

を得る．得られた式は，各式がそれぞれ一つの変数から成り，互いに連成しなくなる．

式(6.41)を，式(6.45)と同じ変数変換の式を用いて変数 x_1', x_2' の式とし，得られた式の肩の記号を省略すると

$$\left. \begin{array}{l} \ddot{x}_1 + \omega_{10}^2 x_1 + \varepsilon\alpha(x_1+x_2)^3 = F_1 \cos \omega t \\ \ddot{x}_2 + \omega_{20}^2 x_2 + \varepsilon\alpha(x_1+x_2)^3 = F_2 \cos \omega t \end{array} \right\} \quad (6.47)$$

となる．ここで非線形項の係数は小さい量であることを表すため，記号を β から $\varepsilon\alpha$ と置き換えた．右辺の F_1, F_2 は F_{10}, F_{20} から定められる量である．得られた方程式は線形項では連成せず，非線形項のみで連成する．式(6.42)では減衰力を考えなかった．もし粘性減衰力が作用するものとすると，上と同じ

変数変換では減衰項で連成するが，減衰の連成項の影響は通常小さい。そこで簡単な場合として，基準座標に比例する減衰力が作用するものとする。方程式は

$$\left.\begin{array}{l}\ddot{x}_1 + \omega_{10}^2 x_1 + 2\varepsilon\zeta_1\dot{x}_1 + \varepsilon a(x_1 + x_2)^3 = F_1\cos\omega t \\ \ddot{x}_2 + \omega_{20}^2 x_2 + 2\varepsilon\zeta_2\dot{x}_2 + \varepsilon a(x_1 + x_2)^3 = F_2\cos\omega t\end{array}\right\} \quad (6.48)$$

となる。ここで$2\varepsilon\zeta_1$, $2\varepsilon\zeta_2$は減衰係数であり，小さい値であることを示すためεを含ませている。式(6.47)あるいは式(6.48)は，非線形系の種々の近似解法を適用するのに便利な形である。以下では式(6.48)を基礎式とする。

多自由度系に見られる副共振の例としてここでは，$2\omega \fallingdotseq \omega_{10} + \omega_{20}$となる$\omega$の付近で見られる共振を検討する。

解析解を考える前に，式(6.48)を数値積分でとくことによって振動の特徴をみておこう。$\varepsilon a = 0$のときには，$2\omega \fallingdotseq \omega_{10} + \omega_{20}$となる$\omega$の付近で微小振動が発生するのみで，しかもその振動の角振動数は外力の角振動数と同じである。これに対し$\varepsilon a \neq 0$のときには，**図6.12**に示すような結果を得る。この図

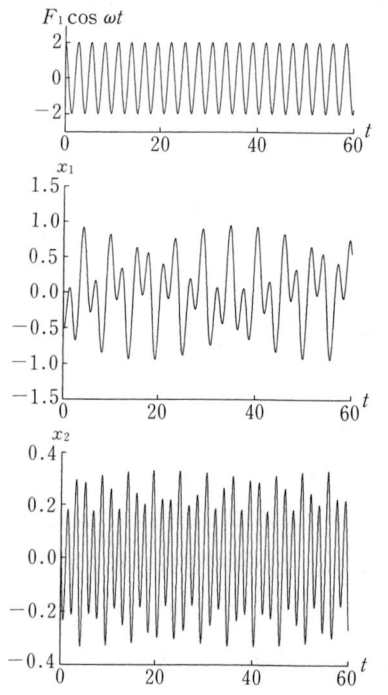

$\omega_{10} = 1.0$, $\omega_{20} = 3.464$, $2\varepsilon\zeta = 0.005$, $\varepsilon a = 0.2$, $F_1 = 2$, $F_2 = 0.5$, $\omega = 2.26$

図6.12　結合共振の振動波形

6.6 強制振動―結合共振

の上図は外力のうち $F_1\cos\omega t$ を表し，下の2図が x_1, x_2 である。$\varepsilon a = 0$ のときの振動，あるいは $2\omega \fallingdotseq \omega_{10} + \omega_{20}$ を満たさない ω に対する振動と比べて，ここで大きな振幅の振動が発生する。しかもこの振動波形は特徴的である。図から見られるように，外力と同じ角振動数 ω を角振動数とする振動成分以外に，x_1 はゆっくりした角振動数の成分，x_2 は早い角振動数の成分をそれぞれ含んでいる。

上で得られた x_1, x_2 をフーリエスペクトルに分解すると図 6.13 のようになる。図から，x_1, x_2 はゆっくりした角振動数 ω_1，早い角振動数 ω_2 を角振動数とする成分をそれぞれ含んでいることがわかる。またこの角振動数 ω_1, ω_2 は，$\omega_1 \fallingdotseq \omega_{10}$, $\omega_2 \fallingdotseq \omega_{20}$ であること，単独では ω と簡単な関係になく，和が

$$\omega_1 + \omega_2 = 2\omega \tag{6.49}$$

を満たすことなどがわかる。

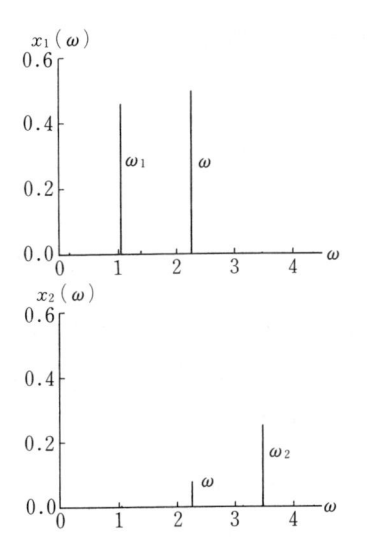

図 6.13 結合共振のフーリエスペクトル

式 (6.48) を理論的に解析しよう。前節までの振動より複雑な分だけ解析もめんどうであるが，観察した振動の発生を確認できる。まず準備として，式 (6.48) を平均法で解析できる形とするため，

130   6. 非線形動的システムの挙動

$$\left.\begin{array}{l} x_1 = y_1 + Q_1 \cos\omega t \\ x_2 = y_2 + Q_2 \cos\omega t \end{array}\right\} \quad (6.50)$$

とおく。ここで

$$\left.\begin{array}{l} Q_1 = \dfrac{F_1}{\omega_{10}^2 - \omega_2} \\ Q_2 = \dfrac{F_2}{\omega_{20}^2 - \omega_2} \end{array}\right\} \quad (6.51)$$

である。この結果, y_1, y_2 を支配する方程式として

$$\ddot{y}_1 + \omega_{10}^2 y_1 + 2\varepsilon\zeta_1(\dot{y}_1 - \omega Q_1 \sin\omega t) + \varepsilon\alpha(y_1 + y_2 + Q_2 \cos\omega t)^3 = 0$$
$$\ddot{y}_2 + \omega_{20}^2 y_2 + 2\varepsilon\zeta_2(\dot{y}_2 - \omega Q_2 \sin\omega t) + \varepsilon\alpha(y_1 + y_2 + Q_2 \cos\omega t)^3 = 0$$
$$(6.52)$$

を得る。

式(6.52)を平均法でとくため, ε を含む係数を 0 とおいた方程式を考える。この方程式の一般解は, a_1, a_2, ϕ_1, ϕ_2 を定数として

$$\left.\begin{array}{l} y_1 = a_1 \cos(\omega_{10}t + \phi_1) \\ y_2 = a_2 \cos(\omega_{20}t + \phi_2) \end{array}\right\} \quad (6.53)$$

である。その時間微分は

$$\left.\begin{array}{l} \dot{y}_1 = -\omega_1 a_1 \sin(\omega_{10}t + \phi_1) \\ \dot{y}_2 = -\omega_2 a_2 \sin(\omega_{20}t + \phi_2) \end{array}\right\} \quad (6.54)$$

である。式(6.52)の y_1, y_2, $\dot{y}_1$, $\dot{y}_2$ を, 形はそれぞれ式(6.53), (6.54)と同じであるが, a_1, a_2, ϕ_1, ϕ_2 が時間のゆるやかな関数であるとする。これ以降は平均法の手順に従うと, a_1, a_2, ϕ_1, ϕ_2 を定める式として

$$\left.\begin{array}{l} \omega_{10}\dot{a}_1 = -\omega_{10}\varepsilon\zeta_1 a_1 + \dfrac{3}{8}\varepsilon\alpha Q^2 a_2 \sin(\sigma t + \phi_1 + \phi_2) \\[2mm] \omega_{10} a_1 \dot{\phi}_1 = \dfrac{3}{8}\varepsilon\alpha(a_1^2 + 2a_2^2)a_1 + \dfrac{3}{4}\varepsilon\alpha Q^2 a_1 \\[2mm] \qquad\qquad + \dfrac{3}{8}\varepsilon\alpha Q^2 a_2 \cos(\sigma t + \phi_1 + \phi_2) \\[2mm] \omega_{10}\dot{a}_2 = -\omega_{20}\varepsilon\zeta_2 a_2 + \dfrac{3}{8}\varepsilon\alpha Q^2 a_2 \sin(\sigma t + \phi_1 + \phi_2) \end{array}\right\} \quad (6.55)$$

$$\omega_{20} a_2 \dot{\phi}_2 = \frac{3}{8} \varepsilon \alpha (a_2{}^2 + 2a_1{}^2) a_2 + \frac{3}{4} \varepsilon \alpha Q^2 a_2$$
$$+ \frac{3}{8} \varepsilon \alpha Q^2 a_1 \cos(\sigma t + \phi_1 + \phi_2)$$

を得る．ここで

$$Q = \frac{F_1}{\omega_{10}{}^2 - \omega^2} + \frac{F_2}{\omega_{20}{}^2 - \omega^2} \tag{6.56}$$

である．またここでは $2\omega \fallingdotseq \omega_{10} + \omega_{20}$ の場合を考えているので

$$\sigma = \omega_{10} + \omega_{20} - 2\omega \tag{6.57}$$

は小さな量であり，したがって右辺にこれを含む項が残されている．式(6.55)をといて a_1, a_2, ϕ_1, ϕ_2 を求め，式(6.53)に代入して y_1, y_2 を定めれば，式(6.50)から，解 x_1, x_2 が

$$\begin{aligned} x_1 &= a_1 \cos(\omega_{10} t + \phi_1) + \frac{F_{10}}{\omega_{10}{}^2 - \omega^2} \cos \omega t \\ x_2 &= a_2 \cos(\omega_{20} t + \phi_2) + \frac{F_{20}}{\omega_{20}{}^2 - \omega^2} \cos \omega t \end{aligned} \tag{6.58}$$

の形で得られる．

　式(6.55)の解のうち，特に a_1, a_2 が定数となる定常状態の解を求めよう．a_1, a_2 が定数のとき，$\dot{a}_1 = 0$, $\dot{a}_2 = 0$ でなければならない．このとき，式(6.55)の第1式と第3式から

$$\dot{\phi} = \sigma t + \phi_1 + \phi_2 \tag{6.59}$$

が定数でなければならないことが導かれる．ここで式(6.55)の各式には，ϕ_1, ϕ_2 は独立した形では現れず，つねに上に示した ϕ の形で現れることに気がつく．そこで $\dot{a}_1 = 0$, $\dot{a}_2 = 0$, $\dot{\phi} = 0$ が成り立つ定常状態を考える．式(6.55)の第2式と第4式を組み合わせて $\dot{\phi}$ の式を導き，この式と式(6.55)の第1式と第3式に，定常状態の条件 $\dot{a}_1 = 0$, $\dot{a}_2 = 0$, $\dot{\phi} = 0$ を代入する．この結果 a_1, a_2, ϕ を未知数とする3式が導かれる．これをとくことによって，定常状態における a_1, a_2, ϕ が定められる．パラメータの値を実際の系で見られる適当な値に定めると，a_1, a_2 が大きな値で得られ，ここで共振することがわ

かる。

x_1, x_2 に含まれる主要成分の角振動数について，数値積分で得られた結果が正しいことを確認しておく．角振動数 ω_1, ω_2 は，式(6.58)からわかるように

$$\omega_1 = \omega_{10} + \dot{\phi}_1, \quad \omega_2 = \omega_{20} + \dot{\phi}_2 \tag{6.60}$$

である．ϕ_1, ϕ_2 は時間のゆるやかな関数であるから，$\omega_1 \fallingdotseq \omega_{10}$, $\omega_2 \fallingdotseq \omega_{20}$ が成り立つ．なお ω_1, ω_2 の正しい値を求めるには，定常状態における a_1, a_2, ϕ を式(6.55)の第2式と第4式に代入して $\dot{\phi}_1$, $\dot{\phi}_2$ を定めればよい．条件 $\dot{\phi} = 0$ から

$$\omega_1 + \omega_2 = \omega_{10} + \omega_{20} + (\dot{\phi}_1 + \dot{\phi}_2) = 2\omega \tag{6.61}$$

が得られ，式(6.49)の正しいことが示される．

一般に多自由度非線形振動系で，m, n_1, $\cdots$, n_N を大きくない整数として，その固有角振動数のうちのいくつか ω_{10}, ω_{20}, $\cdots$, ω_{N0} が，$n_1\omega_{10} + n_2\omega_{20} + \cdots + n_N\omega_{N0} \fallingdotseq m\omega$ の形の条件を満たすとき，$\omega_1 \fallingdotseq \omega_{10}$, $\omega_2 \fallingdotseq \omega_{20}$, $\cdots$ となる ω_1, ω_2, $\cdots$, ω_N を角振動数とする振動成分を主要な成分とする振動が発生することがある．このときの ω_1, ω_2, $\cdots$, ω_N は

$$n_1\omega_1 + n_2\omega_2 + \cdots + n_N\omega_N = m\omega \tag{6.62}$$

の関係を満たす．この振動が発生する現象を**結合共振** (combination resonance) という．

系が結合共振するとき，発生している振動の角振動数は外力の角振動数と異なるので，振動源を探るときなどに注意が肝要である．また振動波形が複雑なので，疲労破壊が早く引き起こされることに注意する必要がある．

6.7 自励振動

鉄塔間に張られた送電線が横向きに風を受けるとき，送電線が上下に激しく振動することがある．この振動は，風が一様に吹いて振動的な性質をもたなくても持続され，また風の方向と違う方向で生じるので，自由振動や強制振動と

は明らかに異なる．この振動は**自励振動**（self-induced oscillation）といわれる振動の一例である．送電線を例にして自励振動の発生を検討しよう．

図 6.14(a) に示すように，送電線を，質点とばねからなる1自由度系でモデル化する．平衡位置からの送電線の変位を x とおく．等価質量を m とし，ばねによる復元力が $-kx$ で与えられるとする．風が送電線に及ぼす力は断面形状に依存し，断面形状が円形の場合には振動は発生しない．いま，送電線の断面が例えば図のように半円であるとする．風が送電線に及ぼす力の式を導くため，送電線が上に動いている場合を考える．このとき送電線から見れば，風は相対的に斜め上から吹いていることになる．このとき，図(b)に示すように下側に渦を生じ，渦の部分で流速が遅くなる．

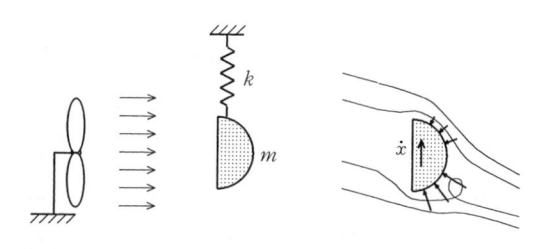

図 6.14 送電線における自励振動

ベルヌーイの定理が示すように，流速が遅いところで圧力が大きくなるため，空気力は送電線を押し上げる向きに作用する．送電線が逆に下側に動くときは，上側に渦を生じ，空気力は送電線を押し下げる向きに作用する．このように空気力は，運動をつねに促進する向きに作用する．減衰力が運動をつねに妨げる向きに働くのと逆の状況になっている．この空気力は近似的に $c\dot{x}(c>0)$ の形におくことができる．この状況は速度が小さい間続くが，速度が大きくなると空気力は通常の減衰力に転ずる．この状況まで含めた空気力として $c\dot{x} - d\dot{x}^3(c,\ d>0)$ を考えることができる．以下では空気力はこの式で与えられるとする．このとき運動方程式は

$$m\ddot{x} - (c\dot{x} - d\dot{x}^3) + kx = 0 \tag{6.63}$$

となる．適当な変数を導入して書き直すと，この方程式は**レーレーの方程式**

(Rayleigh's equation)

$$\ddot{x} - \varepsilon\left(\dot{x} - \frac{1}{3}\dot{x}^3\right) + \omega_0^2 x = 0 \tag{6.64}$$

に帰着される。これは自励振動を支配する基本的な方程式で，いくつかの系でみられる。

式(6.63)を時間で微分し，得られる式で $\dot{x} = y$ とおき，y を改めて x と書けば，**ファンデアポールの方程式**（van der Pol's equation）

$$\ddot{x} - \varepsilon(1 - x^2)\dot{x} + \omega_0^2 x = 0 \tag{6.65}$$

が得られる。これも自励振動を支配する基本的な方程式である。以下ではファンデアポールの方程式をもとに自励振動の発生を検討する。

解析解を考える前に，式(6.65)のパラメータに適当な値を与え，数値積分でとくことによって振動の特徴を見ておく。**図 6.15** にこの場合の振動波形の例を示す。図は，小さな初期変位を初期条件として与えた場合と大きな初期変位を初期条件とした場合の振動波形を重ねて示したものである。図から，いずれの初期条件の場合も，時間がたって定常となったとき，一定振幅の振動となることがわかる。そしてこの振幅は，いずれの初期条件の場合も同じである。

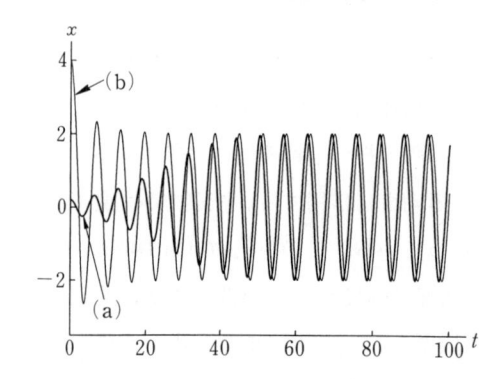

$\omega_0 = 1$, $\varepsilon = 0.15$
(a) $t = 0 : x = 0.2$, $\dot{x} = 0$
(b) $t = 0 : x = 4$, $\dot{x} = 0$

図 6.15 自励振動の振動波形

式(6.65)を平均法で解析する。このため，$\varepsilon = 0$ とおいた方程式を考えると，この式の一般解は式(6.9)であり，その時間微分は式(6.10)である。式(6.65)を満たす x, $\dot{x}$ を，形はこれらの式と同じであるが，a, ϕ が時間のゆるやかな関数であるとする。これ以降は前と同じように平均法の手順に従え

ば，a, ϕ を定める式として

$$\left.\begin{array}{l}\dot{a} = \dfrac{\varepsilon a}{2}\left(1 - \dfrac{1}{4}a^2\right) \\ \dot{\phi} = 0 \end{array}\right\} \quad (6.66)$$

を得る。式(6.66)をとき，得られた a, ϕ を式(6.9)に代入すれば，問題の解 x が得られたことになる。

式(6.66)をとく前に，この式で a^3 を無視した式をとく。これは式(6.65)で非線形項を無視した線形系を扱っていることと等価である。初期条件として，$t=0$ において $x=a_0$, $\dot{x}=0$ が与えられたとして，式(6.66)で a^3 を無視した式をとくと

$$a = a_0 e^{\varepsilon t/2}, \quad \phi = 0 \quad (6.67)$$

を得る。解 x は

$$x = a_0 e^{\varepsilon t/2} \cos \omega_0 t \quad (6.68)$$

となる。この解から，$a_0 \neq 0$ であれば，振動が発生しはじめ，いつまでも成長を続けるという結果を得る。特に初期変位 a_0 を $a_0=0$ とすると，$a=0$ が得られ，系はいつまでも静止状態を続ける結果を得る。しかし実際の系ではなんらかの外乱は避けられず，わずかでも外乱が系に与えられた瞬間，$a_0 \neq 0$ を初期条件とした振動が始まる。したがってここで対象としている系では，つねに振動が発生することになる。これが線形系における自励振動である。

非線形系に対する式(6.66)をとこう。上と同じ初期条件が与えられたとする。このとき式(6.66)から

$$a = \frac{a_0 e^{\varepsilon t/2}}{\sqrt{1 + (a_0^2/4)(e^{\varepsilon t}-1)}}, \quad \phi = 0 \quad (6.69)$$

を得る。したがって解 x は

$$x = \frac{a_0 e^{\varepsilon t/2}}{\sqrt{1 + (a_0^2/4)(e^{\varepsilon t}-1)}} \cos \omega_0 t \quad (6.70)$$

となる。式(6.69)で $t \to \infty$ とすれば $a \to 2$ が得られ，定常状態で解は

$$x = 2\cos(\omega_0 t + \phi_0) \quad (6.71)$$

となる。この式から，非線形系では振動は定常状態が存在すること，この状態では一定振幅2となり初期条件に依存しないことがわかる。なお振幅の2という数は，ファンデアポールの方程式を基準の形においたからである。式(6.70)の解析解で，特に $a_0 = 0$ とすると $a = 0$ が得られるが，現実にはなんらかの外乱は避けられず，したがって現実の系では，式(6.70)で与えられる振動が発生する。

レーレーの方程式でも，ファンデアポールの方程式と同じような解が得られる。寒い地方で送電線が振動するのは，送電線に氷が固着して，断面が円形断面でなくなり，上述のような自励振動が発生したためと説明される。

上の例で送電線の振動のエネルギー源は風である。一般に，変動する外力が作用しないのに，なにかのエネルギー源をもとに引き起こされる振動が自励振動である。

自励振動は，しばしば決定的な破壊を引き起こす。種々の機械や構造物で生じ，それらはそれぞれ個別のメカニズムで発生するため，モデル化はそれぞれの問題に即して行わなければならない。

自励振動について，線形モデルで振動の発生を説明できるが，定常状態に至るまでの過渡状態や定常状態の振動を求めることはできない。非線形モデルでこれらが説明できる。

6.8　係数励振振動

はりが，軸方向に周期的に変化する圧縮力を受けるとする。はりは，軸方向に力を受けるだけであるから，通常は横方向に振動することはない。しかしある条件が満たされると，はりは，横方向に振動を始める。これは，**パラメータ振動**（parametrically excited oscillation）あるいは**係数励振振動**といわれる振動の例である。

係数励振振動の発生を説明する簡単なモデルは，弦に質点が取り付けられ，張力が変化する系である。ここでは図 6.16 に示すように，長さ $2l$ の弦の中央

6.8 係数励振振動

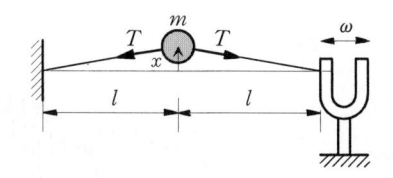

図 6.16 張力の変化する弦

に，質量 m の質点が取り付けられ，張力 T が

$$T = T_0 + T_1 \cos\omega t \tag{6.72}$$

のように変化する場合を考える．ここで，$T_0 > T$ としておく．

平衡位置からの質点の変位を x とする．このとき質点に作用する復元力は，x が小さいとき，張力 T の運動方向の成分，すなわち $-T \times (x/l)$ を 2 倍したものとなるので，運動方程式は

$$m\ddot{x} + \frac{2}{l}(T_0 + T_1\cos\omega t)x = 0 \tag{6.73}$$

となる．この式は

$$\ddot{x} + \omega_0^2(1 + \varepsilon\mu\cos\omega t)x = 0 \tag{6.74}$$

の形に書き直すことができる．ここで $\omega_0 = \sqrt{2T_0/ml}$ は平均張力に対する固有角振動である．$\varepsilon\mu = T_1/T_0$ は小さい値とする．減衰力を考慮に入れれば，減衰項が式(6.74)に付加される．ここでは減衰を考慮に入れた場合として，運動方程式が

$$\ddot{x} + \omega_0^2(1 + \varepsilon\mu\cos\omega t)x + 2\varepsilon\zeta\dot{x} = 0 \tag{6.75}$$

となる場合を取り上げる．ここで係数 $2\varepsilon\zeta$ は小さいとする．また大きい変位まで考慮すると，運動方程式はさらに変更される．ここでは，運動方程式が

$$\ddot{x} + \omega_0^2(1 + \varepsilon\mu\cos\omega t)x + 2\varepsilon\zeta\dot{x} + \varepsilon a x^3 = 0 \tag{6.76}$$

となる場合を取り上げる．ここで係数 εa は小さいとする．式(6.74)，(6.75)，(6.76)のような式は，パラメータ振動の問題を扱うときにみられる基本的な方程式である．このうちはじめの 2 式は線形，最後の式は非線形の方程式である．以下，式(6.75)，(6.76)を基礎式とする．

解析解を示す前に数値例を示す．比較のためまず線形系を考える．式(6.75)のパラメータを適当に定めて数値積分を行うと，**図 6.17** に示すような振動を

(a) $\omega = 1.95$　　　　(b) $\omega = 2.00$

$\omega_0 = 1.00, \ \varepsilon\mu = 0.1, \ 2\varepsilon\zeta = 0.01$

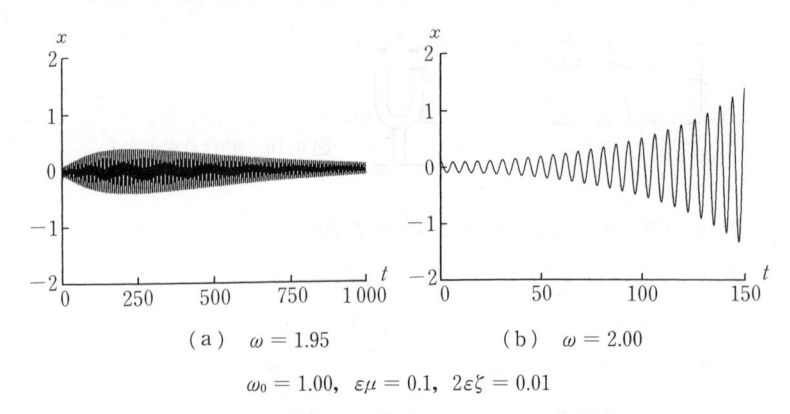

図 6.17　線形系におけるパラメータ振動の振動波形

得る．このうち図(a)は，通常の場合に得られるもので，振動は発生せず，初期外乱によって一時的に小さな振動が発生してもやがて消滅する．これに対して図(b)は，$\omega \fallingdotseq 2\omega_0$ が満たされている場合に得られるもので，振動が成長していることがわかる．$\omega \fallingdotseq 2\omega_0$ とは別の条件が満たされるときも振動が成長することがあるが，実用的には，$\omega \fallingdotseq 2\omega_0$ の条件が満たされる場合が重要なので，以下では，この場合を取り上げる．図(b)の場合，一度振動が成長を始めると，いつまでも成長を続ける．この意味では，実際にみられる挙動と異なるが，弦に横振動が発生することの説明にはなる．

つぎに非線形系における数値例を示すと，**図 6.18** のようになる．図に示すように，非線形系では，振動は，振幅が小さい間は成長するが，やがて一定振幅となる．実際の機械・構造物で見られるパラメータ振動は，通常，このようなものである．

式(6.76)を平均法で解析する．まず ε を含む係数をすべて 0 とおいて得られる方程式を考える．この方程式の一般解は，a, ϕ を任意定数として，式(6.9)である．$\omega \fallingdotseq 2\omega_0$ に注意して，式(6.9)の代わりに

$$x = a\cos\left(\frac{\omega}{2}t + \phi\right) \tag{6.77}$$

を出発の式とする．この式の時間微分は

6.8 係数励振振動

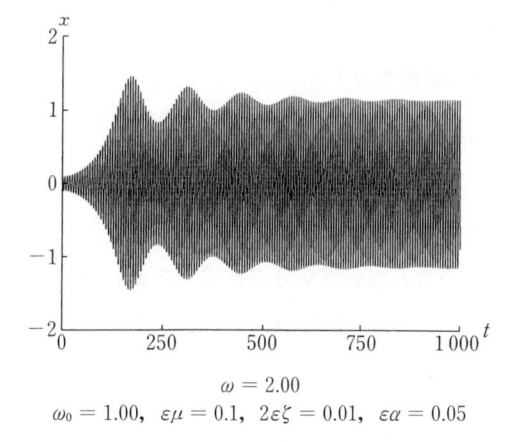

図6.18 非線形系におけるパラメータ振動の振動波形

$\omega = 2.00$
$\omega_0 = 1.00, \quad \varepsilon\mu = 0.1, \quad 2\varepsilon\zeta = 0.01, \quad \varepsilon a = 0.05$

$$\dot{x} = -\frac{\omega}{2}a\sin\left(\frac{\omega}{2}t + \phi\right) \tag{6.78}$$

である。平均法の考え方に従って，式(6.76)を満たす x, $\dot{x}$ が，形は上の2式と同じであるが，a, ϕ が時間の関数であると考える。これ以降はいままでと同じように，平均法の手順に従えば，a, ϕ を定める式として

$$\left.\begin{array}{l}\omega\dot{a} = -\varepsilon\zeta\omega a + \dfrac{1}{2}\varepsilon\mu\omega_0^2\sin 2\phi \\[2mm] \omega a\dot{\phi} = -\left(\dfrac{\omega^2}{4} - \omega_0^2\right)a + \dfrac{3}{4}\varepsilon\alpha a^3 + \dfrac{1}{2}\varepsilon\mu\omega_0^2 a\cos 2\phi\end{array}\right\} \tag{6.79}$$

を得る。この式によって a, ϕ を定め，式(6.77)に代入すれば，$\omega \fallingdotseq 2\omega_0$ を満たす ω の付近で発生する振動が求められる。

式(6.79)から，ある条件のもとで，わずかの外乱によってパラメータ振動が発生し始めること，この振動は成長して，定常状態で一定振幅の振動となることなどを導くことができる。ここでは式(6.79)の特別な場合を扱って，これらの結論が正しいことを示そう。

まず，パラメータ振動の発生の条件を求める。振動が発生しはじめるとき a は小さいので，式(6.79)で a^3 の項を無視する。これは $\varepsilon a = 0$ とした線形系を扱っていることと等価である。この場合の式を，変数変換

$$u = a\cos\phi, \quad v = a\sin\phi \tag{6.80}$$

によって，u, vの式に書き直すと

$$\begin{aligned}\omega \dot{u} &= -\varepsilon\zeta\omega u + \left\{\left(\frac{\omega^2}{4} - \omega_0^2\right) + \frac{1}{2}\varepsilon\mu\omega_0^2\right\}v \\ \omega \dot{v} &= \left\{-\left(\frac{\omega^2}{4} - \omega_0^2\right) + \frac{1}{2}\varepsilon\mu\omega_0^2\right\}u - \varepsilon\zeta\omega v\end{aligned} \tag{6.81}$$

となる。これは定数係数の線形常微分方程式である。通常のやり方にしたがってこの方程式の特性方程式を導き，解が不安定になる条件を求める。その結果，解が不安定になる条件として

$$(\varepsilon\zeta)^2\omega^2 + \left\{\left(\frac{\omega^2}{4} - \omega_0^2\right)^2 - \frac{1}{4}(\varepsilon\mu)^2\omega_0^4\right\} < 0 \tag{6.82}$$

を得る。このときパラメータ振動が発生する。この条件を見やすくするため，$\omega \doteqdot 2\omega_0$に注意して

$$\frac{\omega^2}{4^2} - \omega_0^2 = \left(\frac{\omega}{2} + \omega_0\right)\left(\frac{\omega}{2} - \omega_0\right) \doteqdot 2\omega_0\left(\frac{\omega}{2} - \omega_0\right)$$

とし，またこれ以外のωを$2\omega_0$で置き換える。この結果，式(6.82)は

$$\left(\frac{\omega}{2} - \omega_0\right)^2 - \left(\frac{1}{4}\varepsilon\mu\omega_0\right)^2 + (\varepsilon\zeta)^2 < 0 \tag{6.83}$$

となる。これから，パラメータ振動が発生する条件として

$$2\omega_0 - 2\sqrt{\left(\frac{1}{4}\varepsilon\mu\omega_0\right)^2 - (\varepsilon\zeta)^2} < \omega < 2\omega_0 + 2\sqrt{\left(\frac{1}{4}\varepsilon\mu\omega_0\right)^2 - (\varepsilon\zeta)^2} \tag{6.84}$$

を得る。この結果は，パラメータ振動が発生するのはωが$2\omega_0$に十分近い限られた範囲内にあるときであることを示している。

つぎに式(6.79)によって一定振幅となる定常振動の振幅を求めよう。aが一定のとき，ϕも一定である。そこで$\dot{a} = 0$, $\dot{\phi} = 0$を式(6.79)に代入すると

$$a^2 = \frac{\omega_0}{3\varepsilon\alpha}(\omega^2 - 4\omega_0^2 \pm 2\sqrt{\varepsilon\mu\omega_0^2 - 4(\varepsilon\zeta\omega)^2}) \tag{6.85}$$

を得る。非線形系でパラメータ振動が発生するとき，振幅は無限になるのではなく，この値となる。得られた定常振動の安定・不安定は，調和共振の定常振

動の場合と同様に定めることができる。

　上の例のように，問題を支配する微分方程式の係数が時間の関数である場合に引き起こされる振動がパラメータ振動である．ブランコに乗ったとき，ブランコが1回揺れる間に体を2回上下させれば，上述の $\omega \fallingdotseq 2\omega_0$ に相当する条件が満たされ，人に押してもらわなくても，ブランコを揺らすことができる．これは身近に経験するパラメータ振動の例である．

　パラメータ振動についても，線形モデルでは，振動の発生の有無を知ることができるが，定常状態に至るまでの過渡状態や定常状態の振動を知ることはできない．非線形モデルでは，これらを予測することができる．

6.9　カオス振動

　式(6.21)で設けていた，β は小さいという制限を，ここでは取り払うことにする．パラメータに適当な値を与え，この方程式を，初期条件の影響がなくなるまで，十分長い時間にわたって数値積分する．このようにして得た振動波形の例を図 **6.19** に示す．この図の上図は外力 $F\cos\omega t$，下図は振動 x である．この図から，外力が調和外力であるのに，発生している振動は，ランダム振動のように複雑であることがわかる．この系の数学モデルは単純で，初期条件が

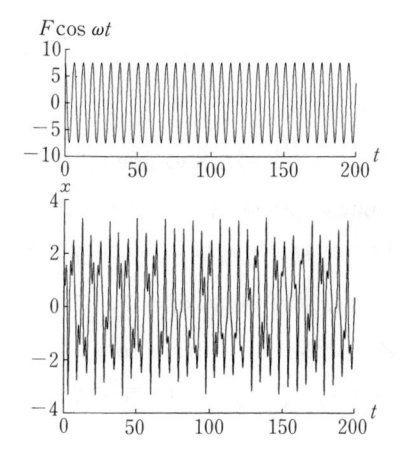

$\omega = 1,\ m = 1,\ c = 0.05,$
$k = 0.1,\ \beta = 1,\ F = 7.5$

図 **6.19**　カオス振動の振動波形

与えられれば，その後の結果は予測できる。このような系を**決定論的**（deterministic）という。決定論的な系に，ランダム的な振動が観察されるのはきわめて興味深い。

上の例のように，決定論的な系に，外見上ランダム的にみえるが，実際はランダムでなく，いくつかの特徴をもった振動が発生することがある。この振動を**カオス振動**（chaotic vibration）という。カオス振動の特徴のいくつかを，上の系を例にして検討しよう。

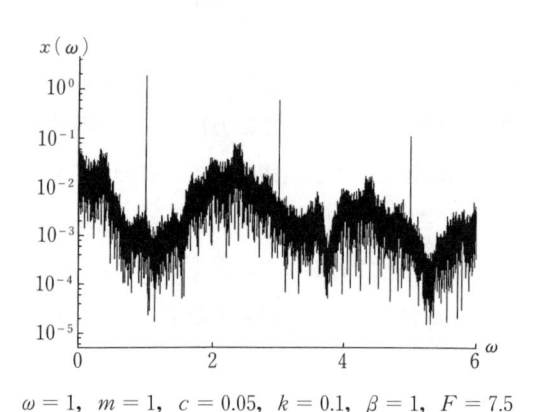

まず，カオス振動のフーリエスペクトルをみてみる。図 6.19 の振動の場合，フーリエスペクトルは**図 6.20** のようになる。このフーリエスペクトルは，広い範囲の連続した角振動数の成分から成っている。このように，一般にカオス振動は，そのフーリエスペクトルが連続的となるという特徴をもつ。

$\omega = 1, \ m = 1, \ c = 0.05, \ k = 0.1, \ \beta = 1, \ F = 7.5$

図 6.20 カオス振動のフーリエスペクトル

別の見方でカオス振動の特徴をみてみよう。このための準備として，位相平面と位相軌跡を定義する。**位相平面**（phase plane）は，変位を x とする 1 自由度系についていえば，変位 x と速度 $\dot{x}$ を横軸と縦軸とする平面である。変位 x，速度 $\dot{x}$ を座標とする点 $(x, \dot{x})$ は，系の運動に伴って，この平面上にある軌跡を描く。この軌跡を**位相軌跡**（phase-plane trajectory）という。位相軌跡の例を**図 6.21** に示す。このうち(a)は，系が調和共振するときの位相

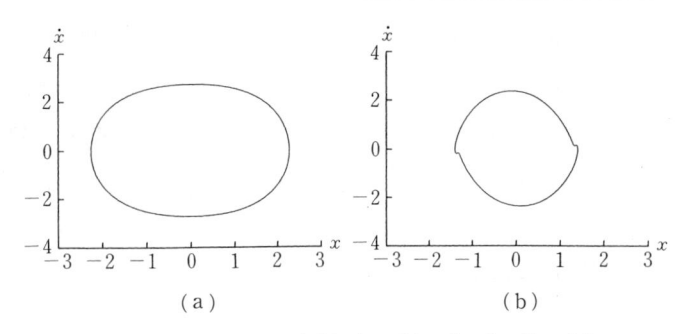

6.9 カオス振動　　143

(a)　　　　　　　　(b)

$\omega = 1$, $m = 1$, $c = 0.05$, $k = 0.1$, $\beta = 1$, $F = 7.5$

図 6.21 位 相 軌 跡

軌跡である。系がこの共振をするとき，変位 x，速度 $\dot{x}$ は，外力の1周期分の時間が経過すると，もとの値に戻る。したがって点 $(x, \dot{x})$ も，外力の1周期分の時間が経過すればもとの位置に戻り，位相軌跡は閉じた曲線となる。(b)は，系が1/3次分数調波共振するときの位相軌跡である。系がこの共振をするとき，外力の3周期分の時間が経過すれば，点 $(x, \dot{x})$ はもとの位置に戻り，この場合の位相軌跡も閉じた曲線となる。

さてカオス振動の位相軌跡を求めてみよう。図6.19の振動の場合，S で与えられる初期条件から出発する位相軌跡は**図 6.22** のようになる。この図から，カオス振動の位相軌跡は，いつまでたっても閉じないことがわかる。一般にカオス振動の位相軌跡は閉じないで複雑なものとなる。

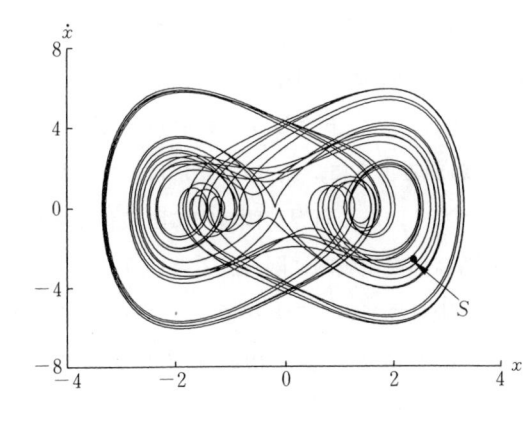

$\omega = 1$, $m = 1$, $c = 0.05$,
$k = 0.1$, $\beta = 1$, $F = 7.5$

図 6.22 カオス振動の位相軌跡

6. 非線形動的システムの挙動

カオス振動の位相軌跡は複雑で，このままでは，そこに規則性を見出すことは難しい。ところがこの振動をポアンカレ写像といわれる写像を通してみると，カオス振動の不思議な特徴が浮かび上がる。ここで**ポアンカレ写像**（Poincaré map）とは，この節の1自由度系についていえば，位相平面上で，外力の1周期分の時間が経過するごとの点 $(x, \dot{x})$ の集まりである。ポアンカレ写像の例を**図6.23**に示す。

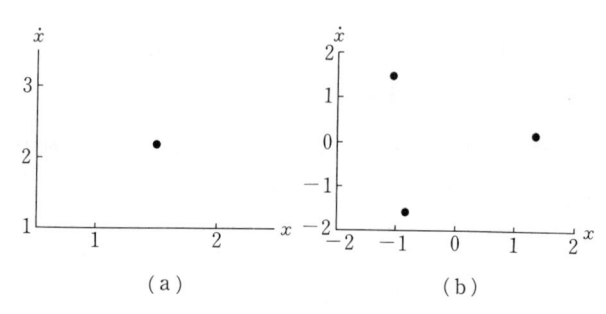

$\omega = 1$, $m = 1$, $c = 0.05$, $k = 0.1$, $\beta = 1$, $F = 7.5$

図6.23 ポアンカレ写像

図6.23（a）は，系が調和共振するときのポアンカレ写像である。この場合の点 $(x, \dot{x})$ は，1周期ごとにもとの位置に戻るので，描かれる点はすべて同じ点となり，ポアンカレ写像はただの1点からなる。（b）は，1/3次分数調波振動のポアンカレ写像である。この場合の点 $(x, \dot{x})$ は3周期ごとにもとの位置に戻るので，描かれる点は3点であり，ポアンカレ写像は3点からなる。

さて，カオス振動のポアンカレ写像を求めてみよう。図6.19のカオス振動の場合，ポアンカレ写像は**図6.24**のようになる。図からわかるように，点 $(x, \dot{x})$ は位相平面上のあちこちに現れ，いつまでたっても別の点として描かれる。しかしながら一方で図からわかるように，点 $(x, \dot{x})$ は，まったく不規則にどの位置にでも現れるのではなく，ある有界な領域内に限られて現れる。ポアンカレ写像がこのようにある有界な領域内に限られるということは，系のもとの運動状態が，ある領域内に限られていることを示す。

一般に十分時間が経過したときに系が落ち着く状態を**アトラクター**

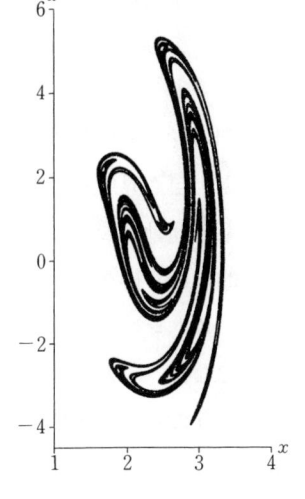

6.9 カオス振動

$\omega = 1$, $m = 1$, $c = 0.05$,
$k = 0.1$, $\beta = 1$, $F = 7.5$

図6.24 カオス振動のポアンカレ写像

(attractor)という。例えば，減衰力が作用し外力が作用しない系では，アトラクターは静止状態である。いま問題としているカオス振動のアトラクターは，ポアンカレ写像を通してうかがい知れるように，奇妙な構造をもっている。このアトラクターを**ストレンジアトラクター**（strange attractor）という。一般にカオス振動では，アトラクターが奇妙な構造をもち，ポアンカレ写像が特徴的な模様になる。

カオス振動が発生する理由を考える。**図6.25**は，式(6.21)で支配される系で，S_1, S_2で与えられるわずかに違う初期条件に引き続いて生じる二つの運動の軌跡を，外力の1.5周期分の時間について，位相平面上に書いたものである。図から，初期条件のわずかな差が，その後の運動に大きな違いをもたらし

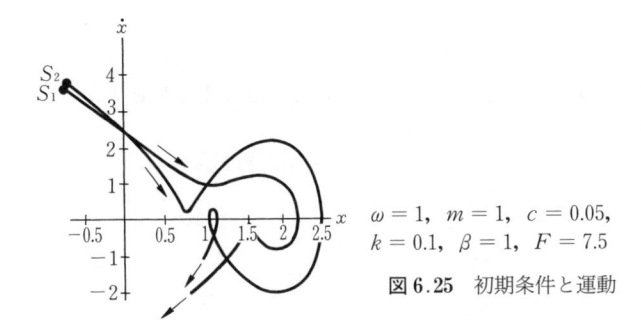

$\omega = 1$, $m = 1$, $c = 0.05$,
$k = 0.1$, $\beta = 1$, $F = 7.5$

図6.25 初期条件と運動

ていることがわかる。この例のように，一般にカオス振動が発生する系では，初期条件のわずかな差が，その後の運動に大きな違いを与える。この状態を，系は初期条件に敏感であるという。

運動は，前の状態を初期条件として，運動の規則に従ってつぎつぎ引き続いていく状態である。系が初期条件に敏感であるとき，自然界で避けられないわずかな乱れが前の状態に加えられ，それによって系の運動はつぎつぎ大きな違いとなって表れ，長い時間にわたる運動は，規則的になり得ない。一方でカオスが生じているときの運動状態は，上述のように，ストレンジアトラクターの内側に閉じこめられている。このように，規則的でなく，一方で，まったくランダムでもない運動状態が，カオス振動であるということができる。

上述のように，カオス振動は，初期条件に敏感な系に生じる。したがって，系の運動方程式を知っていても，理論上は別にして，実際上は運動を予測できないことになる。これまでの工学では，運動方程式を作成できれば，運動は予測できると考えていた。運動が予測できないということは，工学の考え方の根本にかかわる問題を提起している。

演習問題

【1】 長さ l の軽い棒の先に質量 m の質点が取り付けられた振り子がある。この系の運動方程式を求めよ。得られた式を適当に近似化することによって，式(6.4)と同じ式が得られることを示せ。

【2】 前問の近似が成り立つときの振り子の周期を求めよ。

【3】 次式
$$\ddot{x} + 2\varepsilon\zeta\dot{x} + \omega_0^2 x + \varepsilon\alpha x^2 + \varepsilon\beta x^3 = F_0\cos\omega t$$
で支配される1自由度非線形系がある。$\omega \fallingdotseq 2\omega_0$ が成り立つとき，(1/2)次分数調波共振が発生するか。

【4】 レーレーの方程式で支配される系の自励振動を調べよ。

7 システムのグラフ表現

動的システムがいくつかの部分システムから構成されているとき，その結合関係をグラフで表すことがしばしば行われる．グラフ表現は，システムの依存関係を簡潔かつ直観的に訴えることによって，システムの解析や設計で全体的な見通しを得るのに有用である．また，物理現象との対応を図的に表現できるので，システムシミュレーションの技法として重要である．本章では，動的システムのグラフ表現としてよく用いられるブロック線図とシグナルフロー線図について説明する．

7.1 ブロック線図

ブロック線図（block diagram）は，基本的には線形時不変システム内の信号の流れ関係を表すもので，通常，システムは伝達関数で表され，信号の表現には時間関数のラプラス変換が用いられる．ブロック線図では，つぎに示す四つの基本単位が用いられる．

(1) 矢印　信号の流れ方向を表す．また，矢印上には信号が定義されていると考え，これを図 7.1(a)のように書く．

(2) ブロック　伝達要素を示し，内部に伝達関数を書くことによって表す．伝達要素の入力が $X(s)$，出力が $Y(s)$，伝達関数が $G(s)$ であるとき，その関係を図 7.1(b)のように書く．ただし，ときにはブロック内に単にプラントや補償器などサブシステム名だけを書き込むこともあ

(a)　　　　　　(b)　　　　　　　(c)　　　　　　(d)

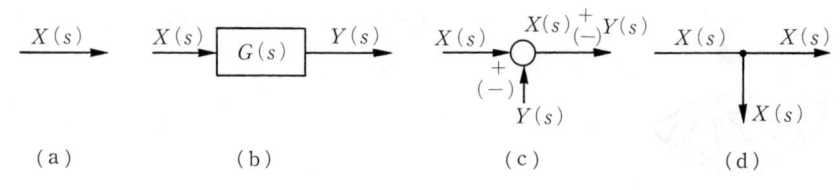

図 7.1 ブロック線図の四つの基本単位

る。
（3） 加え合わせ点　図7.1(c)に示されるように，信号の和または差を表す。
（4） 引き出し点　信号伝達経路の分岐を表す。図7.1(d)に示されているように，同じ信号が複数の方向へ伝えられることに注意する必要がある。

一例として**図7.2**の電気回路のブロック線図を書こう。$u(t)$ は入力，キャピシタ C_2 にかかる電圧を出力と考えることにする。

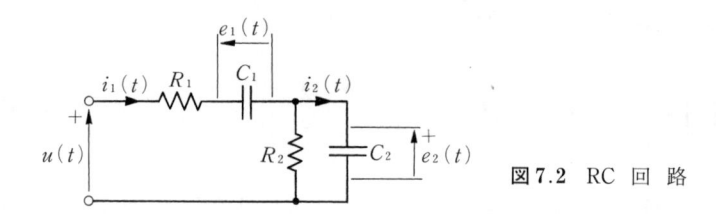

図7.2 RC 回路

図に示されているように電圧 e_1，e_2 および電流 i_1，i_2 をとると回路の関係から

$$R_1 i_1(t) + e_1(t) + e_2(t) = u(t)$$

$$C_1 \dot{e}_1(t) = i_1(t)$$

$$i_2(t) = i_1(t) - (1/R_2) e_2(t)$$

$$C_2 \dot{e}_2(t) = i_2(t)$$

が成り立つ。したがって，e_1，e_2 の初期値を 0 としてラプラス変換し，整理すれば

$$\left.\begin{aligned}
I_1(s) &= (1/R_1)(U(s) - E_1(s) - E_2(s)) \\
E_1(s) &= \frac{1}{C_1 s} I_1(s) \\
I_2(s) &= I_1(s) - (1/R_2) E_2(s) \\
E_2(s) &= \frac{1}{C_2 s} I_2(s)
\end{aligned}\right\} \quad (7.1)$$

となり，よってブロック線図は**図 7.3**のようになる。図は左端の矢印が入力に対応し，右端の矢印が出力に対応するように表してある。

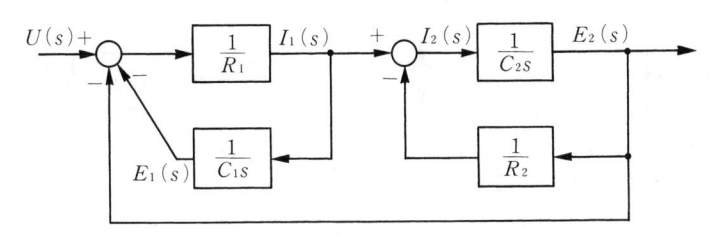

図 7.3 RC 回路のブロック線図

ブロック線図が与えられたとき，特定の 2 変数（例えば，上例では $U(s)$ と $E_2(s)$）間の伝達関数を計算したり，システムの一部分をまとめて表現し，ブロック線図を簡単化したりする必要が生じることがある。このようなとき，システムの以下の三つの形の基本結合に着目すると便利である。いずれもブロック線図の定義から明らかな関係であるが，まとめておくことにしよう。

（1）直列結合　　**図 7.4**(a)のように二つの伝達要素が結合しているとき，図の関係から

$$Y(s) = G_1(s) Z(s), \quad Z(s) = G_2(s) X(s)$$

であるので

$$Y(s) = G_1(s) G_2(s) X(s)$$

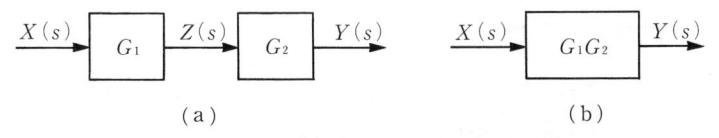

図 7.4 直列結合

となり、したがって、図7.4(b)のように簡単化できる。

(2) 並列結合　$G_1(s)$, $G_2(s)$ が図7.5(a)のように結合しているとき、引き出し点の定義により、両者には同じ信号 $X(s)$ が入る。したがって、並列結合システムの出力はそれぞれの出力が加え合わされ

$$Y(s) = (G_1(s) + G_2(s))X(s)$$

で与えられる。よって図7.5(a)は図7.5(b)と等価である。

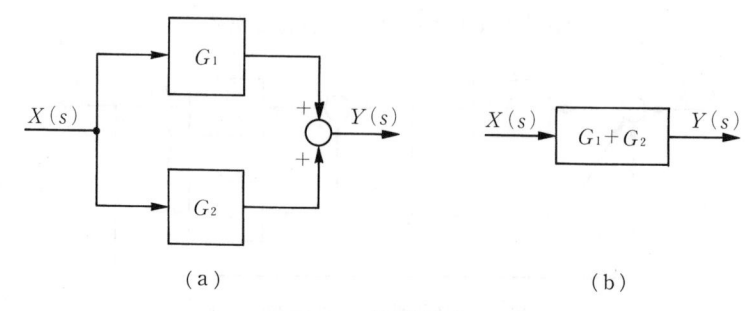

図7.5　並列結合

(3) フィードバック結合　図7.6(a)に示されているように、あるシステムの出力が引き戻されて同じシステムの入力の一部となっているとき、フィードバック結合しているという。図7.6(a)から

$$Y(s) = G(s)Z(s), \quad Z(s) = R(s) \mp H(s)Y(s)$$

であるので

$$Y(s) = \frac{G(s)}{1 \pm G(s)H(s)}$$

となる。よって図7.6(b)のように簡単化できる。

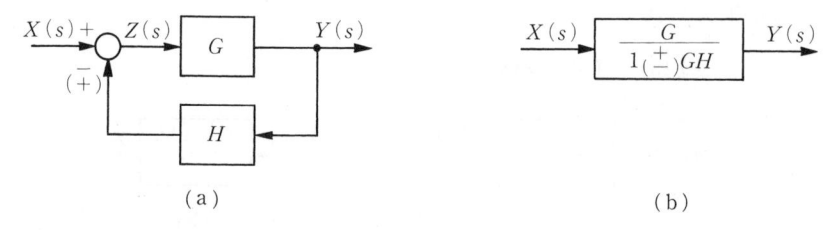

図7.6　フィードバック結合

図7.3のブロック線図における $U(s)$ から $E_2(s)$ への伝達関数は，**図 7.7** のように順次簡単化することによって計算できる．もちろん，同じ伝達関数は式(7.1)の連立方程式を直接とくことによっても求めることができる．

(a)

(b)

(c)

(d)

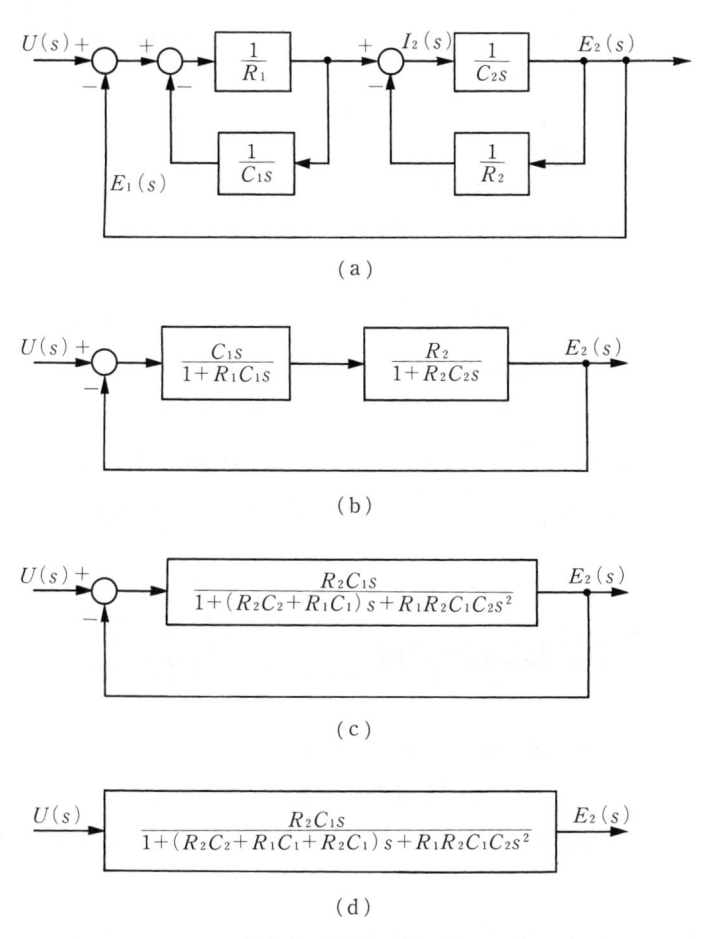

図 7.7 図7.3の簡単化

なお，前述したようにブロック線図は基本的には線形時不変システムを記述するためのものである．しかし，信号やブロックの解釈を変えれば，ブロック線図は時変システムや非線形システムに対しても同様に用いることができる．

例えば，**図 7.8** は飽和要素を含むフィードバック制御を表している．図中の

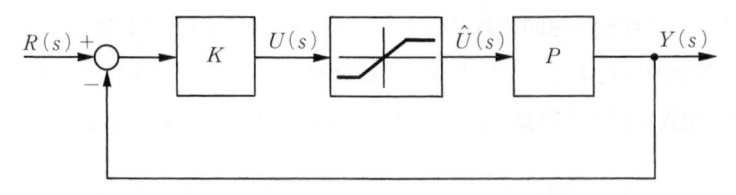

図7.8 非線形要素を含むシステム

飽和要素は

$$\hat{u}(t) = \begin{cases} u_M & u(t) > u_M \\ u(t) & -u_M \leqq u(t) \leqq u_M \\ -u_M & u(t) < -u_M \end{cases}$$

を表す．すなわち，飽和要素を含むブロックは（ラプラス変換ではなく）時間関数 $u(t)$ を時間関数 $\hat{u}(t)$ に移す写像である．

ほかに，非線形あるいは時変システムを表すブロックがある場合にも，同様な解釈をすればよい．また，一部のブロックが線形要素であっても，それらも時間関数を時間関数に移す写像あるいは作用素と考えれば，全体の論理的一貫性を保つことができる．

7.2 シグナルフロー線図

シグナルフロー線図（signal-flow graph）も，ブロック線図と同様，線形時不変システムにおける信号の伝達関係を表すのに用いられる．ブロック線図を構成する基本要素は矢印，ブロック，加え合わせ点，引き出し点の4種であった．これに対し，シグナルフロー線図では接点（○で表す）と有向枝とよばれる矢印の2種の基本要素だけでグラフが構成される（グラフ理論ではこのようなグラフを有向グラフとよぶ）．

最も簡単なシグナルフロー線図の例を**図7.9**に示す．図に示したように，シ

図7.9 簡単なシグナルフロー線図

7.2 シグナルフロー線図

グナルフロー線図では接点上に信号が，有向枝の上に伝達関数が定義される。信号は矢印の向きに伝えられ，図は

$$Y(s) = G(s)X(s)$$

の関係を表す。なお，このように有向枝上になんらかの作用素（シグナルフロー線図では伝達関数）が定義された有向グラフのことをグラフ理論では重み付有向グラフとよんでいる。

図 7.10 のように一つの接点に向かう有向枝が複数あるとき，その接点における信号 $Y(s)$ は流れ込む信号の和，すなわち

$$Y(s) = G_1(s)X_1(s) + G_2(s)X_2(s) + G_3(s)X_3(s)$$

で与えられる。また，信号 $Z_1(s)$, $Z_2(s)$, $Z_3(s)$ は $Y(s)$ により

$$Z_1(s) = G_4(s)Y(s), \quad Z_2(s) = G_5(s)Y(s), \quad Z_3(s) = G_6(s)Y(s)$$

と与えられる。

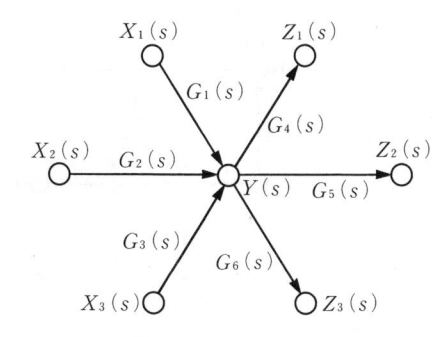

図 7.10　信号の和

規則は以上である。いくつか例題を示そう。

最初に前節で例題として用いた図 7.2 の電気回路の場合を示すと，シグナルフロー線図は式 (7.1) により図 7.11 となる。

つぎに，ブロック線図をシグナルフロー線図に変換して得られるグラフを示そう。例えば，図 7.12(a) のようなブロック線図をシグナルフロー線図に直すには，まず図のようにすべての矢印上にそれぞれ変数名を割り当てる。もちろん，同じ引き出し点に接続している矢印上の変数は同じであるので，それらには一つの変数が割り当てられればよい。つぎに，これらの変数に対応して接

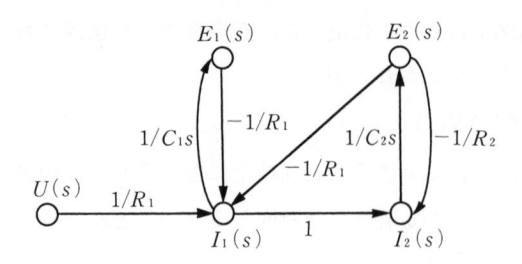

図 7.11 RC回路のシグナルフロー線図

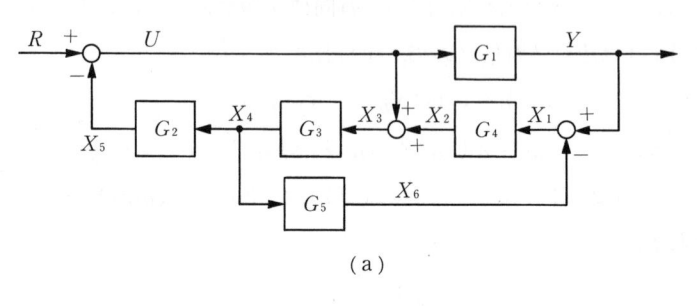

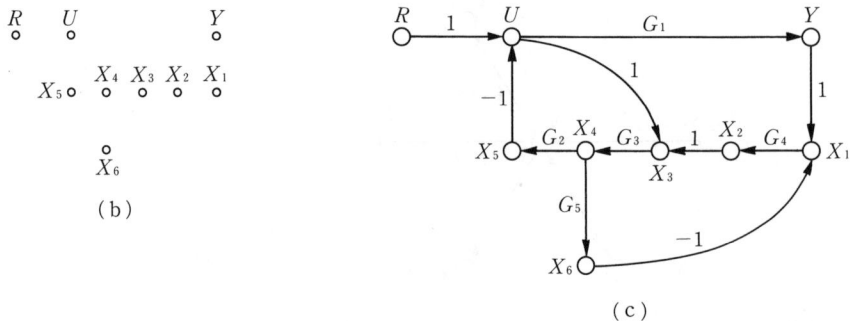

図 7.12 ブロック線図のシグナルフロー線図への変換

点を設ける（図7.12(b)）。最後に，図7.12(a)の関係にしたがって有向枝を設け，伝達関数を書き込むと図7.12(c)に示したシグナルフロー線図が得られる。

今度は，状態方程式

$$\frac{d}{dt}\begin{bmatrix} x_1 \\ x_2 \\ x_3 \\ x_4 \end{bmatrix}(t) = \begin{bmatrix} 0 & 1 & 0 & 0 \\ 0 & 0 & 1 & 0 \\ 0 & 0 & 0 & 1 \\ -a_0 & -a_1 & -a_2 & -a_3 \end{bmatrix} \begin{bmatrix} x_1 \\ x_2 \\ x_3 \\ x_4 \end{bmatrix}(t) + \begin{bmatrix} 0 \\ 0 \\ 0 \\ 1 \end{bmatrix} u(t)$$

$$y(t) = \begin{bmatrix} b_0 & b_1 & b_2 & b_3 \end{bmatrix} \begin{bmatrix} x_1 \\ x_2 \\ x_3 \\ x_4 \end{bmatrix}(t)$$

で与えられるシステムのシグナルフロー線図を示そう．初期値を0として上式をラプラス変換し，ベクトルの要素ごとに関係式を書けば

$$X_i(s) = (1/s)X_{i+1}(s) \quad i = 1, 2, 3$$
$$X_4(s) = (1/s)\{-a_0 X_1(s) - a_1 X_2(s) - a_2 X_3(s) - a_3 X_4(s) + U(s)\}$$
$$Y(s) = b_0 X_1(s) + b_1 X_2(s) + b_2 X_3(s) + b_3 X_4(s)$$

となる．したがって，シグナルフロー線図は**図 7.13** で与えられる．

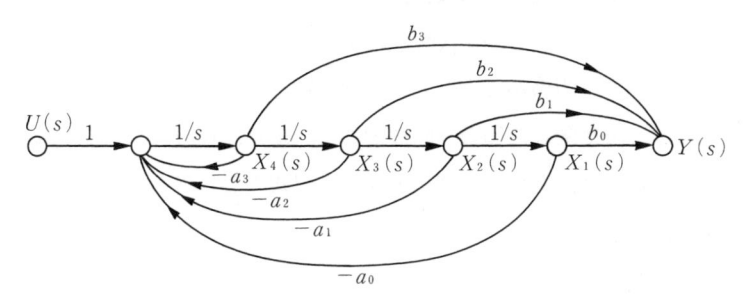

図 7.13 状態方程式のシグナルフロー線図による表現

7.3 シグナルフロー線図とMasonの定理

有向グラフの接点で出て行く有向枝だけをもつものは**ソース**（source），入ってくる有向枝だけをもつものは**シンク**（sink）とよばれる．例えば，**図 7.14** のシグナルフロー線図では左端の二つの接点がソースであり，シンクは

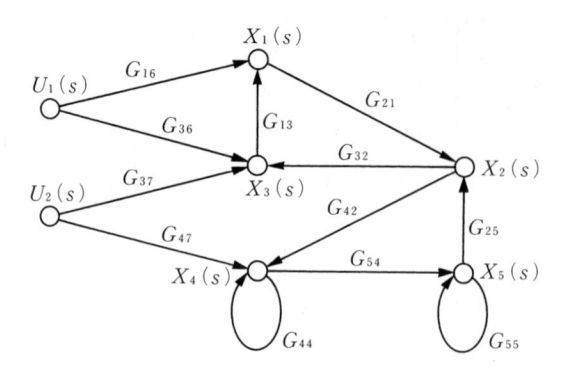

図7.14 シグナルフロー線図の例題

ない．ソース上の変数（図7.14では $U_1(s)$, $U_2(s)$) はほかの接点の影響を受けないで決まるもので，システムの外部からの影響（例えば，制御系における目標値，外乱など）を表している．

ソースからソース以外の接点への伝達関数を計算することを考えよう．基本的には，つぎの3とおりの方法が考えられる．

(i) ブロック線図の場合と同様に，順次シグナルフロー線図を簡単化する．
(ii) 連立方程式をといて解を代数的に求める．
(iii) グラフの接続関係から直接的に伝達関数を計算する．

方法(i)は，伝達関数の場合と同様である．また，(ii)は，シグナルフロー線図の定義に基づき，グラフの関係を代数方程式の形に書き下すだけでよい．図7.14の例では

$$X(s) = \begin{bmatrix} X_1(s) \\ X_2(s) \\ X_3(s) \\ X_4(s) \\ X_5(s) \end{bmatrix}, \quad U(s) = \begin{bmatrix} U_1(s) \\ U_2(s) \end{bmatrix}$$

とおくと，図の関係から線形代数方程式

$$X(s) = MX(s) + KU(s)$$

$$M = \begin{bmatrix} 0 & 0 & G_{13} & 0 & 0 \\ G_{21} & 0 & 0 & 0 & G_{25} \\ 0 & G_{32} & 0 & 0 & 0 \\ 0 & G_{42} & 0 & G_{44} & 0 \\ 0 & 0 & 0 & G_{54} & G_{55} \end{bmatrix}$$

$$K = \begin{bmatrix} K_1 & K_2 \end{bmatrix} = \begin{bmatrix} G_{16} & 0 \\ 0 & 0 \\ G_{36} & G_{37} \\ 0 & G_{47} \\ 0 & 0 \end{bmatrix}$$

が得られる。したがって，例えば入力 $U_2(s)$ から $X_2(s)$ への伝達関数 T_{27} は連立方程式をといて

$$X_2(s) = T_{27}U_2(s) = e_2{}^T(I - M)^{-1}K_2 U_2(s)$$
$$e_2{}^T = \begin{bmatrix} 0 & 1 & 0 & 0 & 0 \end{bmatrix}$$

と表される。実際に逆行列を計算すると伝達関数は

$$\begin{aligned}T_{27} &= \frac{e_2{}^T adj(I - M)K_2}{\det(I - M)} \\ &= \frac{(1 - G_{44})(1 - G_{55})G_{21}G_{13}G_{37} + G_{25}G_{54}G_{47}}{(1 - G_{44})(1 - G_{55}) - G_{32}G_{21}G_{13}(1 - G_{44})(1 - G_{55}) - G_{54}G_{42}G_{25}}\end{aligned}$$
(7.2)

となる。

上の式(7.2)で表される解と元のシグナルフロー線図の構造（図7.14）との間には密接な関係がある。これを説明するため，まずグラフ理論の用語である**経路** (path) と**閉路** (loop) の概念を定義しよう。有向グラフのある接点（始点）から有向枝の向きに順々に進んで他の接点（終点）に至る接点と有向枝のつながりで，同じ接点や同じ有向枝を2回以上通ることのないものを経路という。経路の定義の中で始点と終点が一致することを許すと，閉じた接点と有向枝のつながりができるが，これを閉路とよぶ。また，互いに接点を共有し

ないいくつかの閉路の集まりのことを分離閉路集合とよぶことにする。

さて，始めに式(7.2)の分母（$= \det(I - M)$）の任意の展開項とグラフの関係を調べよう。分母の展開項は定数1を除くと全部で8個の項からなる。これらのうちの任意の1項，例えば $- G_{54}G_{42}G_{25}$ を選ぶ。ここで，説明を簡単にするために，図7.14のグラフに対し**図7.15**に示すように接点番号をつける。

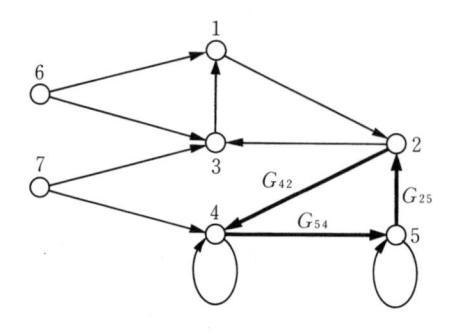

図7.15 伝達関数と閉路の関係

このとき伝達関数 G_{ij} の添え字 i, j は接点 j から接点 i への有向枝上の伝達関数を表すように番号付けられていることに注意しよう。したがって，$G_{54}G_{42}G_{25}$ は閉路 $5 \to 2 \to 4 \to 5$ の上の伝達関数の積に等しい（図7.15参照）。また別の展開項，例えば，$G_{32}G_{21}G_{13}G_{44}G_{55}$ を調べてみると，これは三つの閉路 $3 \to 1 \to 2 \to 3$，$4 \to 4$，$5 \to 5$ 上の伝達関数の積に等しいことがわかる。しかもこれら三つの閉路は，互いに接点を共有していない（**図7.16**）。すなわち，分離閉路集合である。

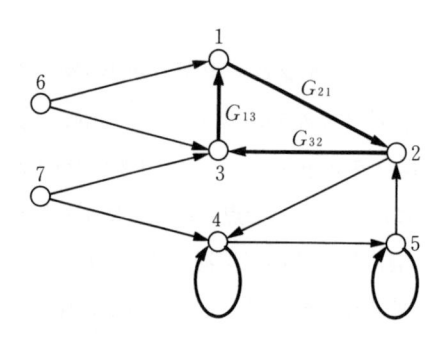

図7.16 分離閉路集合

7.3 シグナルフロー線図とMasonの定理

以上のことは式(7.2)の分母のほかの任意の展開項についてもいえる。すなわち，分母の各展開項は図7.14のシグナルフロー線図に含まれる閉路，あるいは分離閉路集合上の伝達関数の積を表している。さらに積をとった閉路の数が奇数のときは係数は -1 であり，偶数のときは 1 である。なお，一般に閉路を 1 周したときの伝達関数の積はループトランスミッションとよばれる。

つぎに式(7.2)の分子とグラフの関係について観察しよう。例えば，分子の展開項の一つである $G_{55}G_{21}G_{13}G_{37}$ について考えると，対応する部分グラフが図 7.17 の中の太線で示されている。すなわち，これは接点 7（U_2 に対応）から接点 2（X_2 に対応）への経路 $7 \to 3 \to 1 \to 2$ とそれとは接点を共有しない閉路 $5 \to 5$ を表す。ほかの 5 個の展開項についても同様で，それぞれ接点 7 から接点 2 への経路（2 通りある），あるいは経路およびそれとは接点を共有しない閉路または分離閉路集合上の伝達関数の積を表していることが確かめられる。符号は分母の場合と同様，閉路の数が奇数のときには -1，偶数のときには 1 である。

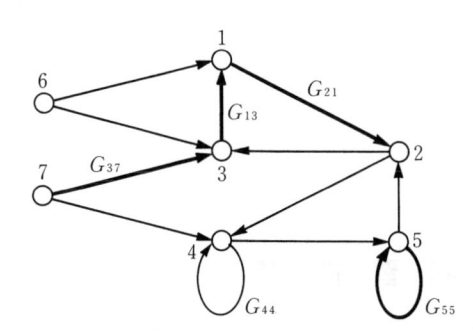

図 7.17　経路と閉路

以上のように，式(7.2)の分母分子のすべての展開項はグラフの閉路あるいは経路を調べることで完全に特徴付けられることがわかった。このことは一般のシグナルフロー線図に拡張され，その結果は **Masonの定理**（Mason loop rule）として知られている。以下の記号を用意する。

$P_k (k = 1, 2, \cdots, L)$：シグナルフロー線図中の着目した 2 接点間を結ぶすべての経路

T_{P_k} = 経路 P_k に含まれるすべての有向枝上の伝達関数の積

$L_i (i = 1, 2, \cdots, M)$：シグナルフロー線図に含まれるすべての閉路

T_{L_i} = 閉路 L_i に含まれるすべての有向枝上の伝達関数の積

$$\Delta = 1 - \sum_{i=1}^{M} T_{L_i} + \sum T_{L_i} T_{L_j} (L_i \text{ と } L_j \text{ は接点を共有しない}) - \sum T_{L_i} T_{L_j} T_{L_l} (L_i, L_j, L_l \text{ は接点を共有しない}) + \cdots$$

$\Delta_k = \Delta$ から経路 P_k と接点を共有する閉路からできた項をすべて取り去ったもの

なお Δ は**グラフデターミナント**（graph determinant）とよばれている。また，Δ_k は元のシグナルフロー線図から経路 P_k およびそれに直接接続している有向枝をすべて取り去ってできるシグナルフロー線図のグラフデターミナントに等しい。

Mason の定理　シグナルフロー線図のソース接点およびソースでない接点の2接点が与えられたとき，上記のように T_{P_k}, T_{L_i}, Δ, Δ_k を決める。このとき2接点間の伝達関数 $T(s)$ は

$$T(s) = \frac{\sum_{k=1}^{L} T_{P_k} \Delta_k}{\Delta}$$

で与えられる。

演 習 問 題

【1】 図7.12(a)のブロック線図で R から Y までの伝達関数を求めよ。

【2】 上の問題を図7.12(c)のシグナルフロー線図に Mason の定理を適用してとけ。

【3】 MFBフィルタ（多重帰還回路）の回路図は**図7.18**で与えられる。
　　（ⅰ）この回路をブロック線図で表せ。
　　（ⅱ）シグナルフロー線図を書け。
　　（ⅲ）入力 v_i から出力 v_o への伝達関数を求めよ。

図 7.18

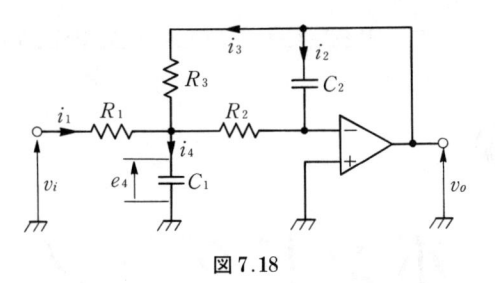

(ヒント) 図のように変数を決めたとき
$I_4 = I_1 + I_2 + I_3$
$I_1 = (V_i - E_4)/R_1$
$E_4 = I_4/(C_1 s)$
$I_2 = -E_4/R_2$
$I_3 = (V_o - E_4)/R_3$
$V_o = I_2/(C_2 s)$
となることを用いよ。

ボンドグラフ

　3章で電気系，機械系，流体系，熱系などの相似性について学んだ。この相似性によれば，マス・ばね・ダンパからなる機械系や，流体のインダクタ・キャパシタ・流体抵抗器からなる流体系のダイナミクスも電気回路図で統一的に表現できる。逆に，電気回路図を他の図に変換することも可能である。ただし，このようなアプローチの欠点はある特定の分野のにおいが強くなりすぎて，必ずしも一般的に受け入れられやすいとはいえないことである。ところで，相似則の背景にあったものは，エネルギーの概念である。例えば，電気回路を表現するときに選んだ変数は電流と電圧であったが，これらの積はエネルギーの微分，すなわち，パワーである。一方，機械系では，速度と力を主要変数に選んだが，これらの積もパワーである。一般に，抵抗，コンデンサ，インダクタなど多くの構成要素からなるシステムでは，あるいはもっと一般に電気系や機械系など異なった分野にまたがったシステムにおいても，システムのダイナミクスは，基本的には構成要素間のエネルギーのやり取りで決定できる。このことに着目して，MIT教授 H. Paynterは，エネルギーの流れ関係を表す一般的なシステムのグラフ表現を与えた。これがボンドグラフである。

8.1　ボンドグラフの例と構成要素

　ボンドグラフ（bond graph）とは，**表**8.1に示された基本要素から構成される動的システムのグラフ表現である。

　記号の意味などは後で述べるが，まず簡単な例を示そう。**図**8.1は，回転負荷が直流電動機によって駆動された電気・機械システム（図8.1(a)）を表

8.1 ボンドグラフの例と構成要素

表 8.1 ボンドグラフで用いられる各種の記号

要素	記号
C−, I−, R−要素	C, I, R
エフォート源, フロー源	SE, SF
ボンド	⟶
ストローク付ボンド	⊢⟶ , ⟶⊣
トランスフォーマ	TF
ジャイレータ	GY
直列接点と並列接点	1, 0

(a)

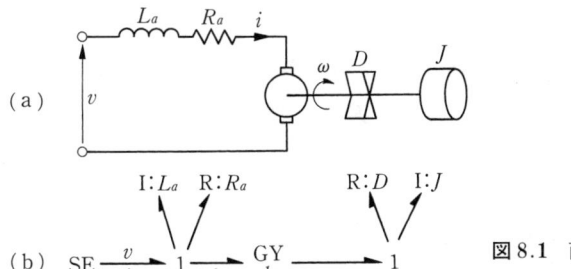

(b) $\mathrm{SE} \xrightarrow{v/i} 1 \xrightarrow{i} \mathrm{GY} \xrightarrow{\omega}_{k} 1$

図 8.1 直流サーボモータ

す．そのボンドグラフが図 8.1(b) で与えられている．図のボンドグラフでは，SE（**エフォート源** (effort source)），R 素子，I 素子，GY（ジャイレータ）が図 8.1(a) の対応する物理要素のちょうど真下にくるように配列してある．すなわち，ボンドグラフのこれらの構成要素は電圧源，インダクタ，抵抗器などの実際に存在する物理的な要素に対応している．この例では現れていないが，ほかにも，実際の物理要素に対応する素子として C 素子，**フロー源** (flow source)，TF（トランスフォーマ）などがある．一方，ボンド，ストローク，1 接点，0 接点は，これらの要素の結合関係を表すためのものである．以下，表 8.1 に示されている各要素の定義を説明しよう．

8.1.1 ボンド

ボンドグラフは，電気系のキャパシタ，インダクタ，抵抗器，あるいは，機械系のマス，ばね，ダンパ，流体系の流体キャパシタ，流体インダクタなどの構成要素からなる動的システムに対して，それら構成要素間の結合関係をエネ

ルギーの流れによって表現したグラフのことをいう。

構成要素 A から構成要素 B へエネルギーの流れがあることを，**ボンド**(bond) を用いて**図 8.2** のように書く。ボンドの片矢印はエネルギーの流れの方向を示す。図 8.1 の例では，左端の SE（電圧源）から供給されたエネルギーが，0 接点や 1 接点（定義は後述）を通して，インダクタや抵抗，あるいは機械部分に伝えられる様子を表している。

$$A \longrightarrow B$$

図 8.2　ボ　ン　ド

エネルギーは単位として〔N·m〕をもつ。ある素子の時刻 t におけるエネルギーを $E(t)$ とするとき，エネルギー $E(t)$ の微分

$$P(t) = \frac{d}{dt}E(t)$$

はパワーとよばれる。単位は〔N·m/s〕をもつ。

なお，ボンドグラフでパワーの流れを伴わない信号の伝達関係を書き込みたいときに両側矢印が用いられる。簡単な例を次節（例 3）で示す。

8.1.2　エフォートとフロー

3 章で電気系や機械系などの相似則を述べたとき，エフォートとフローの概念を導入した。そこで説明したように，エフォートは電気系，機械系，流体系ではそれぞれ電圧〔V=N·m/C〕，力〔N〕，圧力〔N/m²〕を表し，フローは電流〔C/s〕，速度〔m/s〕，体積流〔m³/s〕を表している。また，電気回路や力学系の基本的な素子は C 素子（キャパシタ，ばね，流体キャパシタなど），I 素子（インダクタ，マス，流体インダクタなど），R 素子（抵抗器，ダンパ，流体抵抗器など）に分類でき，各素子の特性は以下のように書かれることを述べた。今後，エフォートを e，フローを f で表す。

C 素子

$$e(t) = \frac{1}{\beta}\int^t f(\tau)d\tau \quad \text{または} \quad f(t) = \beta\frac{d}{dt}e(t)$$

I 素子は

$$f(t) = \frac{1}{\alpha}\int^t e(\tau)d\tau \quad \text{または} \quad e(t) = \alpha\frac{d}{dt}f(t)$$

R 素子

$$e(t) = \gamma f(t) \quad \text{または} \quad f(t) = \gamma^{-1} e(t)$$

非線形 R 素子

$$e(t) = \phi(f(t)) \quad \text{または} \quad f(t) = \phi^{-1}(e(t))$$

以上の関係をボンドグラフでは**図 8.3**のように表す。

$\xrightarrow[f]{e}$ C:β　　　$\xrightarrow[f]{e}$ I:α　　　$\xrightarrow[f]{e}$ R:γ

（a）　C 素子　　　（b）　I 素子　　　（c）　R 素子

図 8.3

ここで，電気系，機械系，流体系のいずれの場合でも，エフォートとフローの積 ef の物理的次元は〔N・m/s〕となっていることに注意しよう。すなわち，$e \cdot f$ はパワーを表す。この様子を図 8.3 のようにボンドに e と f を付して表す。さきほど，ボンドはパワーの伝達を表すことを述べた。しかし同じパワーでもエフォートとフローは積が一定の条件の下で異なった値をとることができるので，e と f はパワーの中味を表していると解釈できる。

なお，片矢印の向きは $e \cdot f$ が正のときのパワーの流れ方向を表す。例えばある時間 t で，図 3.8(a) で，$e(t)f(t)$ が正であるならば，パワーが C 素子に蓄えられつつあることを示し，逆に負であるならば蓄えられたパワーが放出されつつあることを表す。

8.1.3　エフォート源とフロー源

通常，動的システムは入力としてパワー源をもつ。電気回路では，電圧源，電流源がそれである。機械系では，例えば，重力はパワー源である。また，なんらかの方法で生成された力がある動的システムの入力とみなせるなら，その力の発生源がパワー源である。**エフォート源**と**フロー源**はこれらを一般のシス

テムに拡張した概念で，記号では SE，SF でそれぞれ表す．

エフォート源はフローに関係なく，一定の大きさのエフォートをシステムに供給する（図 8.4(a)）。

（a）エフォート源　　　（b）フロー源

図 8.4

フロー源はエフォートに無関係に，一定の大きさのフローをシステムに供給する（図 8.4(b)）。

8.1.4　0 接点と 1 接点

図 8.5 は要素 A_1，A_2，A_3，A_4 が結合していることを示す．ボンドにつけられた片矢印は，要素 A_1 からパワー $e_1 \cdot f_1$ が供給され，要素 A_2，A_3，A_4 へ伝えられていることを示す．接点ではパワーの生成や消散はない，すなわちパワーが保存されると約束する．したがって

$$e_1 f_1 - e_2 f_2 - e_3 f_3 - e_4 f_4 = 0 \tag{8.1}$$

が成立している．

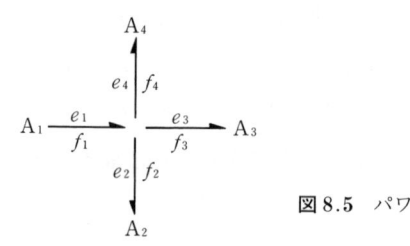

図 8.5　パワーの伝播

ところで，図 8.5 はパワーの関係を示すだけでエフォートとフローの結合関係まではわからない．この結合関係を表す記号が **0 接点**（0-junction）と **1 接点**（1-junction）である．

0 接点は並列接点ともよばれ，接点につながるボンドのエフォートはすべて等しいことを表す．例えば，図 8.5 に 0 接点を付した**図 8.6(a)** では

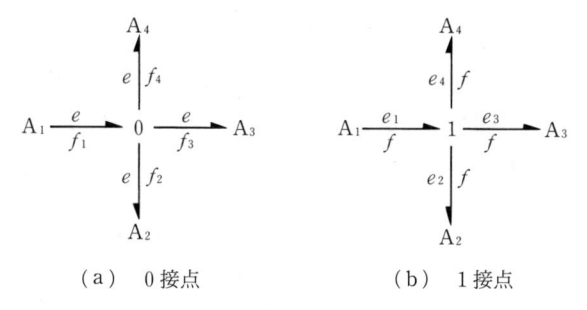

8.1 ボンドグラフの例と構成要素

(a) 0接点　　　　(b) 1接点

図 8.6

$$e_1 = e_2 = e_3 = e_4 = e \tag{8.2}$$

である。したがって，式(8.1)から

$$f_1 - f_2 - f_3 - f_4 = 0 \tag{8.3}$$

であることがわかる。

一方，1接点は直列接点ともよばれる。1接点ではそれにつながるすべてのボンドのフローが等しいと定義される。例えば，図8.6(b)では

$$f_1 = f_2 = f_3 = f_4 = f \tag{8.4}$$

である。これと式(8.1)から

$$e_1 - e_2 - e_3 - e_4 = 0 \tag{8.5}$$

が成立している。

電気回路では，配線の並列結合，直列結合がボンドグラフの0接点と1接点にそれぞれ対応しているので，関係はわかりやすい。例えば，**図8.7**(a)の電気回路（RとCが直列結合，それに電圧源とLが並列結合している）のボンドグラフは図8.7(b)となる。

(a)　　　　(b)

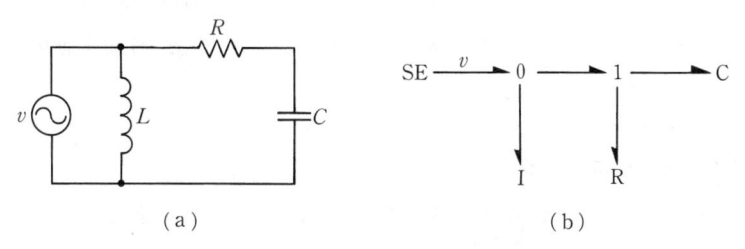

図 8.7　電気回路と0接点，1接点の関係

8.1.5 トランスフォーマとジャイレータ

3章で述べたように，パワーを保存しつつエフォートやフローを変換する要素がある。これらは図 8.8 に示したトランスフォーマ TF とジャイレータ GY の2種類に分類される。

$$\xrightarrow{\begin{array}{c}e_1\\f_1\end{array}} \boxed{\begin{array}{c}TF\\m\end{array}} \xrightarrow{\begin{array}{c}e_2\\f_2\end{array}} \qquad \xrightarrow{\begin{array}{c}e_1\\f_1\end{array}} \boxed{\begin{array}{c}GY\\l\end{array}} \xrightarrow{\begin{array}{c}e_2\\f_2\end{array}}$$

（a）トランスフォーマ　　　　　（b）ジャイレータ

図 8.8

トランスフォーマでは入出力のエフォートどうしおよびフローどうしがそれぞれ正比例する。すなわち，図 8.8(a)のように変数を決めると

$$e_2 = m e_1, \quad f_2 = \frac{1}{m} f_1$$

が成り立つ。m は正の定数を表す。比例定数が m と $1/m$ であるので，$e_1 f_1 = e_2 f_2$ である。したがって，トランスフォーマはパワーを保存する。

理想変圧器は，トランスフォーマである。機械系では歯車減速器やてこなどの例がある。

ジャイレータでは，反対に，一方のフローと他方のエフォートが比例する。すなわち，図 8.8(b)の変数を用いると

$$f_2 = l e_1, \quad e_2 = \frac{1}{l} f_1$$

となる。トランスフォーマと同様にジャイレータもパワーを保存する。

図 8.1 の例では，GY の部分で，電圧源から供給された電気的なパワー $v(t)i(t)$ が機械的なパワー $\tau(t)\omega(t)$ に変換され，しかも回転力 $\tau(t)$ は電気回路の電流 $i(t)$ に比例することを表している。したがって，直流電動機はジャイレータを内部に含んでいる。

8.1.6 ストローク

図 8.9(a)は，サブシステム A（または R, I, C などの要素）にボンドを通してパワー $p = ef$ が供給されていることを表している。ただし，この図だ

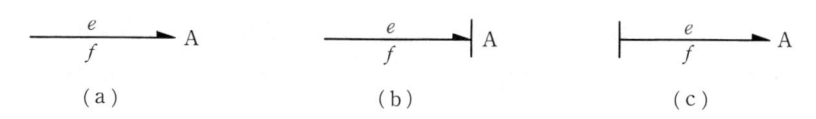

8.1 ボンドグラフの例と構成要素

図 8.9 ストロークの定義．(b) e が A への入力，f が出力，
(c) f が A への入力，e が出力

けでは因果関係，すなわち，A にとって e と f のどちらが入力（原因）でどちらが出力（結果）かまではわからない．これを明示するための記号が**ストローク**（stroke）である．これはボンドの端に短い縦棒を付けて表される．

ストロークは以下の約束に従って付ける．

- A に対してエフォート e が入力（原因）でフロー f が出力（結果）であるとき：ストロークは A の側（図 8.9(b)）
- A に対してフロー f が入力（原因）でエフォート e が出力（結果）であるとき：ストロークは A の反対側（図 8.9(c)）

多くの場合，構成要素の因果関係はその特性によって自然に決まる．例えばエフォート源ならエフォートがその出力，フロー源ならフローがその出力と考えるのが自然である．したがって**図 8.10** のようになる．

図 8.10 エフォート源，フロー源とストローク

一方，I 素子の場合には積分性の入出力関係

$$f(t) = \frac{1}{\alpha} \int^t e(\tau) d\tau$$

と微分性の入出力関係

$$e(t) = \alpha \frac{d}{dt} f(t)$$

の 2 通りが考えられ数学的には同等である．しかし，シミュレーションなどの数値計算では微分演算が含まれることは特に嫌われる（小さな外乱や数値計算の誤差が大きく拡大される）．また，実在する信号の微分値が得られると考え

ることは不自然である。すなわち，積分性の因果関係が自然な因果関係である。したがって，I素子の場合にはエフォートが入力，フローが出力となる（図8.11(a)）。

$$\xrightarrow[f]{e} | \; \text{I} \qquad\qquad |\xrightarrow[f]{e} \text{C}$$

(a)　　　　　　　　　　　(b)

図8.11　I素子とC素子の自然な因果関係

同様な理由により，C素子の場合の自然な因果関係はフローが入力，エフォートが出力であり，図8.11(b)で表される。

R素子の場合には上記のような制約はないので，フローが入力でエフォートが出力，あるいはエフォートが入力でフローが出力のどちらの場合もあり得る。

サブシステムAとサブシステムBがボンドで結合されている場合（図8.12），もしエフォート e がAへの入力ならば，それはBの出力である。すなわち，同一のエフォート e がサブシステムAとサブシステムBの両方の入力であることはありえない。

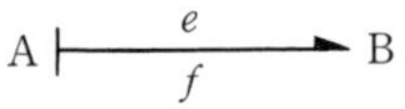

$$\text{A} \; |\xrightarrow[f]{e} \text{B}$$

図8.12　e はAへの入力，Bの出力

つぎに0接点と1接点における因果関係について述べよう。例えば，図8.6(a)の0接点の場合，フローは式(8.3)の関係を満たす必要がある。このことは，0接点に接続する4本（一般には n 本）のボンドのうち，3本（一般には $n-1$ 本）のボンドのフローの値は自由に選べるが，残りの1本のボンドのフローはそれらの値によって決まってしまうことを意味する。したがって

- 0接点では $n-1$ 本のボンドは接点から遠い端にストロークをもち，1本のボンドだけが0接点側にストロークをもつ（図8.13(a)）。

一方，1接点では式(8.5)の関係が成り立つので，一般には1接点に接続す

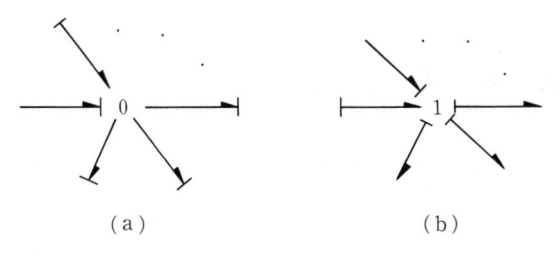

8.1 ボンドグラフの例と構成要素　　171

（a）　　　　　　　　　（b）

図 8.13　0 接点，1 接点とストローク

る n 本のボンドのうち，$n-1$ 本のボンドのエフォート値は自由に選べるが，その結果，残りの 1 本のボンドのエフォート値は決まってしまう。よって

- 1 接点では $n-1$ 本のボンドは接点の側にストロークをもち，1 本のボンドだけは接点から遠い端にストロークをもつ（図 8.13(b)）。

トランスフォーマとジャイレータの因果関係は**図 8.14** および**図 8.15** に示したようにそれぞれ 2 通りの場合がある。

（a）　$e_1 \Rightarrow e_2,\ f_2 \Rightarrow f_1$　　　　　（b）　$f_1 \Rightarrow f_2,\ e_2 \Rightarrow e_1$

図 8.14　TF とストローク

（a）　$e_1 \Rightarrow f_2,\ e_2 \Rightarrow f_1$　　　　　（b）　$f_1 \Rightarrow e_2,\ f_2 \Rightarrow e_1$

図 8.15　GY とストローク

例えば，図 8.14(a) は，TF の入力として左側のボンドのエフォート e_1 が与えられたとき，それによって右側のボンドのエフォート e_2 が決まり，右側のフロー f_2 によって左側のフロー f_1 が決まるという因果関係を表す。この関係を図 8.14(a) には $e_1 \Rightarrow e_2,\ f_2 \Rightarrow f_1$ と表してある。図 8.14(b) は，TF への入力が左側のボンドのフロー f_1 であるとき，それにより右側のボンドフロー f_2 が決まり，右側ボンドのエフォート e_2 によって左側ボンドのエフォート e_1 が決まることを表している。GY に関する 2 通りの因果関係は図 8.15 に示したとおりである。

8.2 簡単な例

【例1】 ばね・マス・ダンパ系（図8.16(a)）　入力はマスに加えられた力であるので，エフォート源SEをもつ。この入力源から供給されるパワーは（ⅰ）ばねを変形し，（ⅱ）ダンパの線形粘性摩擦に抗して，（ⅲ）マスを動かすのに使われる。図8.16(a)からわかるように，マス，ばねおよびダンパの変位は共通である。したがって，速度すなわちフローを共通とするのでこれらは1接点で結ばれる。このことからボンドグラフは図8.16(b)のようにかかれる。ただし，質量はM，ばね定数はK，減衰係数はDとした。これに，前節で述べた自然な因果関係をもとにストロークを付加すると図8.16(c)となる。

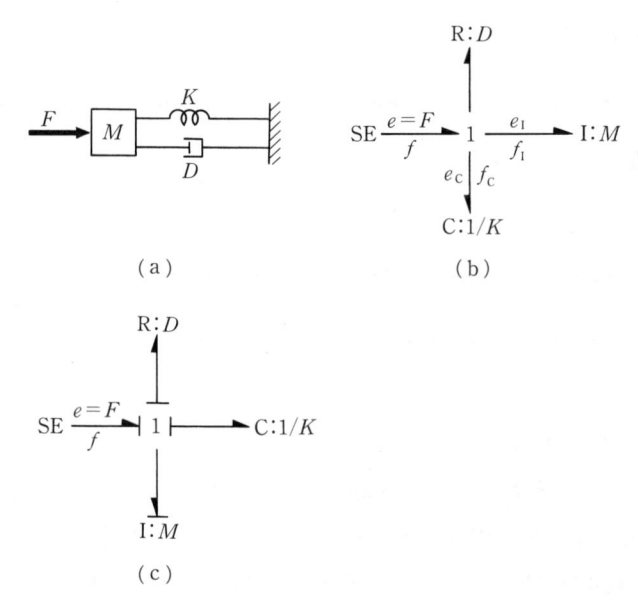

図8.16　ばね・マス・ダンパ系のボンドグラフ

【例2】 マスが二つの場合（図8.17(a)）　前例とは異なり，マスとマスの間にもばね，ダンパがあり，これらから生じる力は二つのマスの変位（または速度差）に依存する。この速度差はボンドグラフでは，図8.17(b)のよう

8.2 簡 単 な 例   173

(a)

(b)

(c)

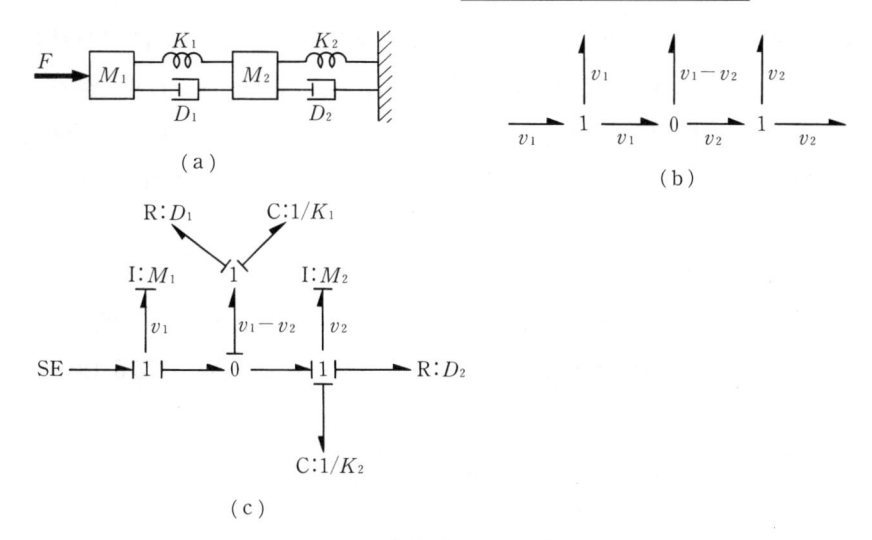

図 8.17 2慣性系とボンドグラフ

に表現できる。すなわち，二つの1接点の部分で各マスの変化速度 v_1, v_2 を表現すると，1接点の間の0接点につながるボンドのフローは $v_1 - v_2$ となる。したがって，全体のボンドグラフは図8.17(c)のようになる。図示したように0接点のところで速度差 $v_1 - v_2$ が表され，ばね（C素子）とダンパ（R素子）への入力になる。

【例3】 直流モータの位置制御　図8.1に位置制御ループを加えたのが図8.18である。両側矢印（⟶）は信号の伝播があるだけでパワーの移動はないことを示す。したがって信号線とよぶことがある。両側矢印1は1接点から

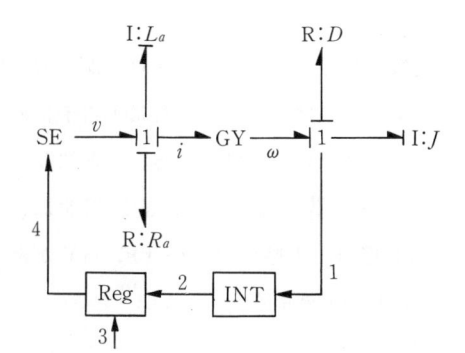

図 8.18 直流モータの位置制御

出ているのでフローの値（この場合は各速度 ω）が伝達される。INT は積分を表し，ω の積分すなわち回転角（θ）を出力する。両側矢印 3 は指令値を与える。これと θ が Reg で表されたコントローラに伝えられる。最後の両側矢印 4 はコントローラの出力をエフォート源に伝える。エフォート源の出力（この場合は電圧）はコントローラ出力に比例する。

上記の例 3 ではエフォート源が信号線からの入力で制御された。R 素子やトランスフォーマあるいはジャイレータなどが制御できる場合がある。例えば，トランスフォーマの係数 m が制御信号 θ で制御される場合には図 8.19 のように表す。

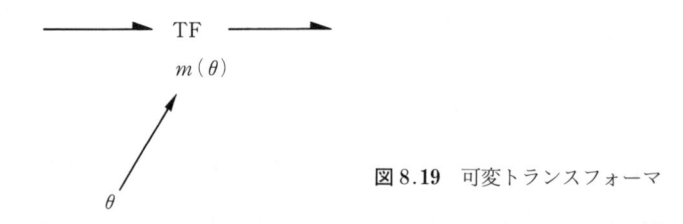

図 8.19 可変トランスフォーマ

8.3 ボンドグラフから状態方程式へ

8.3.1 状態変数の選択

状態変数は，システムの過去の履歴を集約し，現在の状態量と現在以降の入力量によって，システムの将来全体の挙動を決めることができるものとして定義された。

ボンドグラフでは，各ボンド上に変数としてエフォートとフローが定義されている。それらのうちで状態量に対応するものは，C 素子または I 素子に直接つながっているボンドのエフォートあるいはフローだけである。ほかに基本素子として R 素子があるが，これはパワーを消費するだけで，記憶機能はまったくない。また，ほかの要素としては 0 接点，1 接点および TF, GY があるがこれらはパワーを伝達するだけでやはり記憶機能を有しない。

一方，I素子の場合，その入出力関係は

$$f(t) = \frac{1}{\alpha}\int^t e(\tau)d\tau$$

で表されるので，その出力 $f(t)$ を用いて $x_\mathrm{I}(t) = f(t)$ とおくと

$$\dot{x}_\mathrm{I}(t) = \frac{1}{\alpha}e(t) \tag{8.6}$$

となる。また，C素子では入出力関係は

$$e(t) = \frac{1}{\beta}\int^t f(\tau)d\tau$$

であったので，今度は $x_\mathrm{C}(t) = e(t)$ とおくと

$$\dot{x}_\mathrm{C}(t) = \frac{1}{\beta}f(t) \tag{8.7}$$

となる。

したがって

- 状態変数として，ボンドグラフに含まれる各I素子の出力 $f_1(t)$, ..., $f_K(t)$ およびC素子の出力 $e_1(t)$, ..., $e_M(t)$ を選び，これらの状態変数を用いてI素子の入力（式(8.6)の右辺）とC素子の入力（式(8.7)の右辺）を表す

ことができるなら状態方程式が得られることになる。

簡単な例として，図8.16のマス・ばね・ダンパ系の場合を考えよう。図8.16(c)に示されているように，ボンドグラフはI素子とC素子をそれぞれ一つずつもつ。そこで**図8.20**に示すように，I素子につながっているボンド上のフローを $x_\mathrm{I}(t)$ とし，C素子につながっているボンド上のエフォートを $x_\mathrm{C}(t)$ とする。本例では，$x_\mathrm{I}(t)$ はマスの速度，$x_\mathrm{C}(t)$ はばねの力（＝マスの変位・ばね定数）を表す。これにさらに1接点の定義から得られるすべての関係を図に書き込むと，図8.20のようになる。すなわち

$$e_\mathrm{I}(t) = F(t) - Dx_\mathrm{I}(t) - x_\mathrm{C}(t), \quad f_\mathrm{C}(t) = x_\mathrm{I}(t)$$

である。したがって，つぎの状態方程式が得られる。

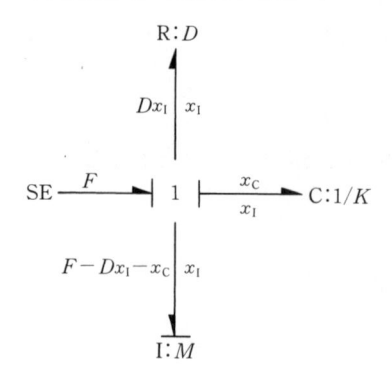

```
          R:D
           ↑
        Dx₁│x₁
 SE ─F─┤ 1 ├─x_C/x₁─ C:1/K
        │
      F−Dx₁−x_C │ x₁
           ↓
          I:M
```

図 8.20　状態方程式の誘導

$$\dot{x}_1(t) = \frac{1}{M}(F(t) - Dx_1(t) - x_C(t))$$

$$\dot{x}_C(t) = Kx_1(t)$$

8.3.2　ストローク（因果性）の割り当て

　前述のとおり，状態方程式を得るには，グラフの中のすべてのI素子の入力$e(t)$およびC素子の入力$f(t)$が，I素子の出力$x_1(t)$，C素子の出力$x_C(t)$および入力変数で書ける必要があった．しかし，このことがいつも可能かというと，実はそうではない．例えば，図8.21（a）の電気回路がその一例である．

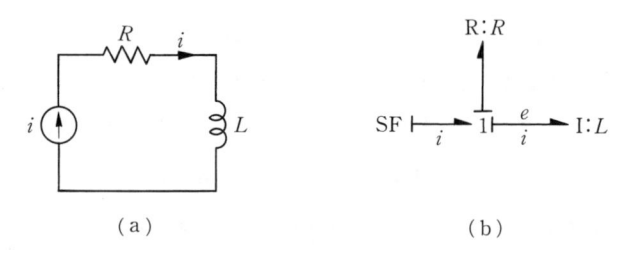

図 8.21　自然な因果関係を割り当てできない例

　この電気回路は入力源としての電流源，抵抗およびインダクタを有し，状態変数としてはLの電流$i(t)$を選ぶのが自然である．しかし，この回路の場合には，$i(t)$は入力源電流$u(t)$につねに等しく，状態変数にはなり得ない．言い替えれば，この回路では，Lは積分要素として機能せず，むしろ微分要素として機能している．すなわち，入力$u(t)$を受け出力$e(t) = L(di(t)/dt)$を

出すと考えたほうが自然である。このことはボンドグラフ図8.21(b)を用いても説明できる。

入力源は電流源すなわちフロー源なので入力ボンドのストロークはSF側にある。一方，接点は1接点なので，1本のボンドを除きほかのすべてのボンドは1の側にストロークをもたなければならない。したがって，この結果を書き込むと図8.21(b)となる。この図はストロークの定義から（自然の因果律に反し）Lへの入力がフローすなわち電流であることを表している。

さて，以上の観察を一般的に表現すると，つぎの結果が得られる。

- あるシステムの動特性をボンドグラフで書いたとき，そのボンドグラフのすべてのボンドに対して，8.1.6項の条件を満たすようにストロークの割り付けができるとき，かつそのときに限り，そのシステムは（システムパラメータが特別な関係を満たす場合を除き）状態方程式で書くことができる

本章で示したボンドグラフは図8.21のもの以外はすべて上の条件を満たしている。例題で示そう。

【例4】 直流モータ　　ボンドグラフは図8.1で与えられている。これに8.1.6項の条件を満たすようにストロークの割り付けを行うと**図8.22**のようになる。したがって，状態方程式を書くことが可能である。状態変数としてLへのフロー $x_1(t) = f_L(t)$（＝電気子回路の電流）およびJへのフロー $x_2(t) = f_J(t)$（＝負荷の回転速度）をとる。このとき残りのボンドのフローおよび

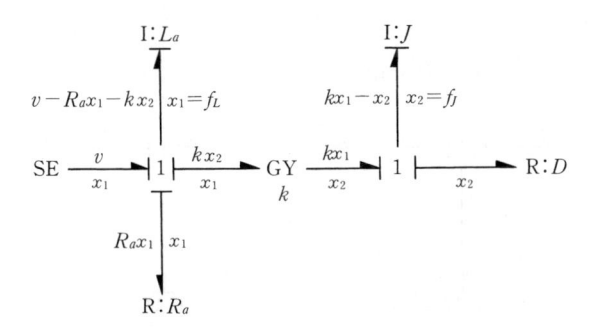

図8.22　直流モータの状態方程式の導出

エフォートは図 8.22 に示したように定まる。したがって状態方程式は

$$\dot{x}_1(t) = \frac{1}{L_a}(v(t) - R_a x_1(t) - k x_2(t))$$

$$\dot{x}_2(t) = \frac{1}{J}(k x_1(t) - D x_2(t))$$

と求められる。

【例 2 の続き】 ボンドグラフは図 8.17 に示されている。そこで上述の一般的な方針にしたがって，C 素子，I 素子につながるボンド上に状態変数 $x_{I_1}(t)$, $x_{C_1}(t)$, $x_{I_2}(t)$, $x_{C_2}(t)$ を決める。さらにストロークの割り当てを行うと図 8.17 は図 8.23 となる。また，0 接点，1 接点の定義により，残りのボンドのフロー，エフォートの値は $x_{I_1}(t)$, $x_{C_1}(t)$, $x_{I_2}(t)$, $x_{C_2}(t)$ および F によって決まるので，その結果も図中に書き込んである。したがって，つぎの状態方程式が得られる。

$$\dot{x}_{I_1}(t) = \frac{1}{M_1}(F(t) - D_1(x_{I_1}(t) - x_{I_2}(t)) - x_{C_1}(t))$$

$$\dot{x}_{I_2}(t) = \frac{1}{M_2}(D_1(x_{I_1}(t) - x_{I_2}(t)) + x_{C_1}(t) - x_{C_2}(t) - D_2 x_{I_2}(t))$$

$$\dot{x}_{C_1}(t) = K_1(x_{I_1}(t) - x_{I_2}(t))$$

図 8.23 2 慣性系の状態方程式の導出

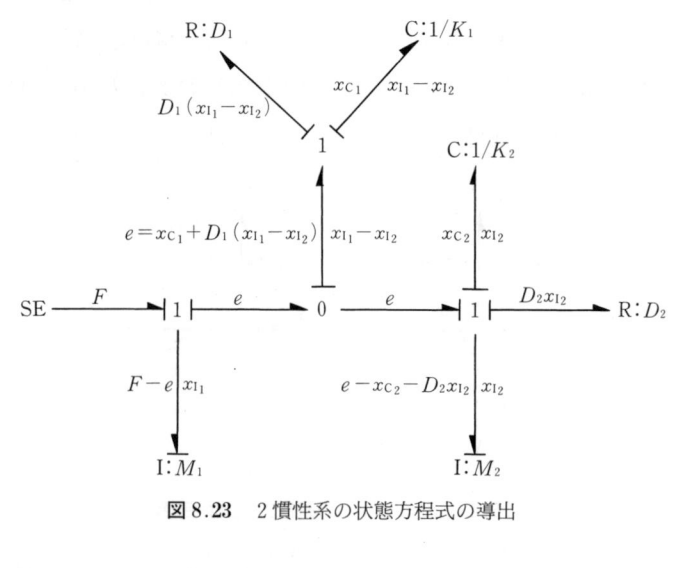

$$\dot{x}_{C_2}(t) = K_2 x_{I_2}(t)$$

演習問題

【1】 図8.7のボンドグラフに自然な因果関係に基づいてストロークを付けよ。

【2】 図8.24のばね・マス・ダンパ系について以下の問に答えよ。

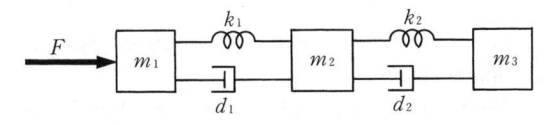

図8.24　3慣性系

（ⅰ）このシステムのボンドグラフを書け。
（ⅱ）ストロークの割り付けを行え。
（ⅲ）ボンドグラフに基づいて状態方程式を求めよ。
（ⅳ）可制御制を調べよ。
（ⅴ）安定性を調べよ。

引用・参考文献

第2章
1) H. Kwakernaak and R. Sivan: Modern Signals and Systems, Prentice-Hall, Inc. (1991)
2) C.A. Desoer: Notes for A Secound Course on Linear Systems, Van Nostrand Reinhold Company (1970)
3) R. Brockett: Finite Dimensional Linear Systems, John Wiley and Sons, Inc. (1970)

第3章
1) J. Shearer, A. Murphy and H. Richardson: Introduction to System Dynamics, Addison-Wesley Publishing Company (1971)
2) 近野　正編：ダイナミカル・アナロジー入門—回路と類推—，コロナ社 (1980)

第4章
1) W. Hahn: Stability of Motion, Springer-Verlag (1967)
2) F.R. Gantmacher: Theory of Matrices, Chelsea Publ. (1959)
3) C.A. Desoer and M. Vidyasagar: Feedback Systems: Input-Output Properties, Academic Press (1975)
4) H.K. Khalil: Nonlinear Systems, Prentice Hall (1996)

第5章
1) S.L. Champbell: Singular Systems of Differential Equations II, Pitman Advanced Program (1980)
2) F.R. Gantmacher: The Theory of Matices, Chelsea Publishing Company (1959)
3) G.C. Verghese, et al.: A Generalized State-Space for Singular Systems, IEEE. Trans. on AC. vol. AC-26, No.4 (1981)
4) P.V. Kokotovic, et al.: Singular Perturbation Methods in Control: Analysis and Design, Academic Press (1986)

5) 池田：Descriptor 形式に基づくシステム理論，計測と制御，**24**-7（1985）

第6章
1) デン・ハルトック著，谷口修・藤井澄二訳：機械振動論，コロナ社（1960）
2) A.H. Nayfeh and D.T. Mook : Nonlinear Oscillations, John Wiley & Sons (1979)
3) R.E. Mickens: An Introduction to Nonlinear Oscillations, Cambridge University Press (1981)
4) P.Hagedron: Non-Linear Oscillations, Clarendon Press (1981)
5) S.H. Strogatz: Nonlinear Dynamics and Chaos, Addison-Wesley Publishing Company (1994)
6) Yu.A. Mitropolskii and N. Van Dao: Applied Asymptotic Methods in Nonlinear Oscillations, Kluwer Academic Publishers (1997)

第7章
1) 伊藤：自動制御概論（上），昭晃堂（1983）
2) 片山：フィードバック制御の基礎，朝倉書店（1987）
3) 細江ほか：システムと制御，オーム社（1997）
4) R. C. Dorf: Modern Control Systems, Addison-Wesley (1992)
5) S. Mason: Feedback theory――some properties of signal-flow graphs, Proc. IRE, Sept., 1144-1156 (1953), July , 920-926 (1956)

第8章
1) J. U.トーマ，須田：ボンドグラフによるシミュレーション，コロナ社（1996）
2) 須田：システムダイナミクス，コロナ社（1988）
3) L. Lyung and T. Glad: Modeling of Dynamic Systems, Prentice Hall (1994)
4) A. Blundell: Bond Graphs for Modeling Engineering Systems, Ellis Horwood (1982)

◻◻◻◻◻◻◻◻◻◻ 演習問題の解答 ◻◻◻◻◻◻◻◻◻◻

第1章
【1】 省略。
【2】 例えば，直流増幅器は入力信号が小さいときは線形特性をもつが，入力が大きくなると飽和し，非線形特性が表れてくる。

第2章
【1】 （a）は属さないが，（b），（c）は属す。
【2】 $u_0(t) = 1$（ただし，$t \geq 0$）に対する出力 $y_0(t)$ は，図2.9（a）より

$$y_0(t) = \begin{cases} \dfrac{1}{2}t^2 & (0 \leq t < 1) \\ t - \dfrac{1}{2} & (1 \leq t < 2) \\ -\dfrac{1}{2}t^2 + 3t - \dfrac{5}{2} & (2 \leq t < 3) \\ 4 & (3 \leq t) \end{cases}$$

である。よって，図（b）の入力 u に対する出力 $y(t)$ は

$$y(t) = y_0(t) - y_0(t-1) = \begin{cases} \dfrac{1}{2}t^2 & (0 \leq t < 1) \\ -\dfrac{1}{2}t^2 + 2t - 1 & (1 \leq t < 3) \\ \dfrac{1}{2}(t-4)^2 & (3 \leq t < 4) \\ 0 & (4 \leq t) \end{cases}$$

と得られる（**解答図2.1**）。

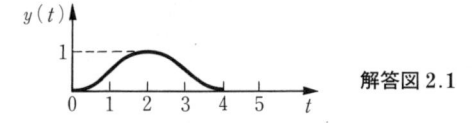

解答図 2.1

【3】 （a） $\dot{z}(t) = g(t)z(t)$ を成分表示すれば

$$\dot{x}_1(t) + j\dot{x}_2(t) = \{a(t) + jb(t)\}\{x_1(t) + jx_2(t)\}$$
$$= \{a(t)x_1(t) - b(t)x_2(t)\} + j\{b(t)x_1(t) + a(t)x_2(t)\}$$

これを実部と虚部に分け，連立微分方程式を記述すれば，与式が得られる。

(b) $\dot{z}(t) = g(t)z(t)$ の解は $z(t) = e^{\eta(t,t_0)}z(t_0)$ である。ただし
$$\eta(t, t_0) = \int_{t_0}^{t} g(\tau)d\tau = \alpha(t, t_0) + j\beta(t, t_0)$$
ここで，$z_1(t_0) = 1$ (すなわち，$x_1(t_0) = 1, x_2(t) = 0$) に対する解を $z_1(t) = e^{\eta(t,t_0)}z_1(t_0) = x_{11}(t) + jx_{21}(t), z_2(t_0) = j$ (すなわち，$x_1(t_0) = 0, x_2(t_0) = 1$)
に対する解を $z_2(t) = e^{\eta(t,t_0)}z_2(t_0) = x_{12}(t) + jx_{22}(t)$ とすれば
$$\varPhi(t, t_0) = \begin{bmatrix} x_{11}(t) & x_{12}(t) \\ x_{21}(t) & x_{22}(t) \end{bmatrix}$$
と与えられること，および
$$e^{\alpha(t,t_0)+j\beta(t,t_0)} = e^{\alpha(t,t_0)}\{\cos\beta(t, t_0) + j\sin\beta(t, t_0)\}$$
に注意すれば，与式を得る。

【4】
$$\frac{d}{dt}\{\varPhi(t_0, t)x(t)\} = \left\{\frac{d}{dt}\varPhi(t_0, t)\right\}x(t) + \varPhi(t_0, t)\dot{x}(t)$$
$$= -\varPhi(t_0, t)A(t)x(t) + \varPhi(t_0, t)\{A(t)x(t) + B(t)u(t)\}$$
$$= \varPhi(t_0, t)B(t)u(t)$$
両辺を時刻 t_0 から t まで積分すると
$$\varPhi(t_0, t)x(t) - \varPhi(t_0, t_0)x(t_0) = \int_{t_0}^{t} \varPhi(t_0, \tau)B(\tau)u(\tau)d\tau$$
ここで，$\varPhi(t_0, t_0) = I_n$ を利用し
$$\varPhi(t_0, t)x(t) = x(t_0) + \int_{t_0}^{t} \varPhi(t_0, \tau)B(\tau)u(\tau)d\tau$$
さらに，両辺に左から $\varPhi(t, t_0)$ をかけると，$\varPhi(t, t_0)\varPhi(t_0, t) = I_n$ および $\varPhi(t, t_0)\varPhi(t_0, \tau) = \varPhi(t, \tau)$ から，式(2.31)を得る。

【5】
$$G(t) = e^{-t} + e^{-2t}, \qquad \widehat{G}(s) = \frac{1}{s+1} + \frac{1}{s+2}$$

【6】(a) 定理2.6に従って，可制御部分空間 χ_c と不可観測部分空間 $\chi_{\bar{o}}$ を求めると
$$\chi_c = \begin{bmatrix} 1 & 0 \\ 0 & 1 \\ 0 & 0 \\ 0 & 0 \end{bmatrix}, \quad \chi_{\bar{o}} = \begin{bmatrix} 0 & 0 \\ 1 & 0 \\ 0 & 0 \\ 0 & 1 \end{bmatrix}$$
を得る。したがって

$$\chi_1 = \begin{bmatrix} 0 \\ 1 \\ 0 \\ 0 \end{bmatrix}, \quad \chi_2 = \begin{bmatrix} 1 \\ 0 \\ 0 \\ 0 \end{bmatrix}, \quad \chi_3 = \begin{bmatrix} 0 \\ 0 \\ 0 \\ 1 \end{bmatrix}, \quad \chi_4 = \begin{bmatrix} 0 \\ 0 \\ 1 \\ 0 \end{bmatrix}$$

つまり，四つのサブシステムの正準構造に分解され

$$\tilde{A} = \begin{bmatrix} 1 & 1 & -1 & -1 \\ 0 & 2 & 0 & 3 \\ 0 & 0 & 3 & 1 \\ 0 & 0 & 0 & 4 \end{bmatrix}, \quad \tilde{B} = \begin{bmatrix} 1 \\ 1 \\ 0 \\ 0 \end{bmatrix}$$

$$\tilde{C} = [\, 0 \quad 1 \quad 0 \quad -1\,], \quad \tilde{D} = 0$$

を得る．可制御かつ可観測なサブシステムは $\Sigma_2(2,\ 1,\ 1,\ 0)$ である．

（b） Σ および Σ_2 の伝達関数はともに $\dfrac{1}{s-2}$．

【7】 定理 2.7(2) の証明に従って

$$V = \begin{bmatrix} 0 & 1 \\ 1 & -3 \end{bmatrix}, \quad \tilde{V} = \begin{bmatrix} 2 & -2 \\ 1 & -2 \end{bmatrix}$$

から，相似変換の行列は

$$Q = V\tilde{V}^T(\tilde{V}\tilde{V}^T)^{-1} = \begin{bmatrix} \dfrac{1}{2} & -1 \\ -\dfrac{1}{2} & 2 \end{bmatrix}$$

第 3 章

【1】 解答図 3.1（モビリティ類推），解答図 3.2（インピーダンス類推）参照．

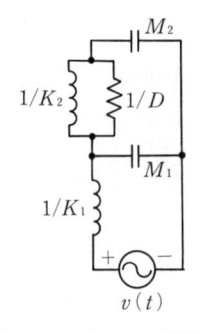

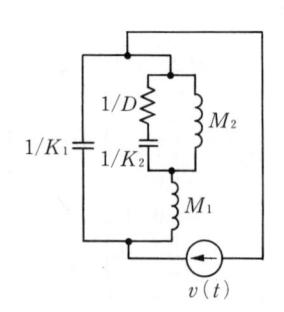

解答図 3.1 モビリティ類推の場合　　解答図 3.2 インピーダンス類推の場合

【2】 解答図 3.3 参照．

演習問題の解答　185

解答図 3.3

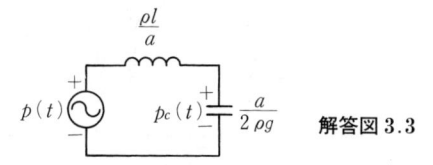

【3】 **解答図 3.4** 参照。

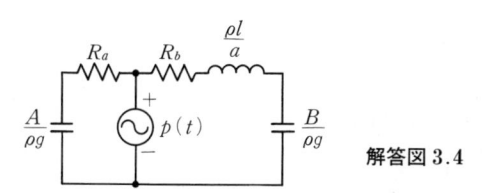

解答図 3.4

【4】 **解答図 3.5** 参照。

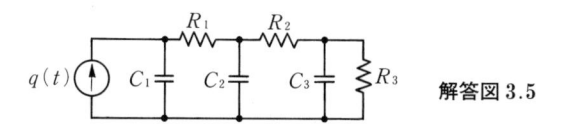

解答図 3.5

【5】 並進運動（モビリティ類推）：r の単位は〔m/(s・N)〕

$$\begin{bmatrix} v_{34}(t) \\ f_b(t) \end{bmatrix} = \begin{bmatrix} 0 & r \\ \dfrac{1}{r} & 0 \end{bmatrix} \begin{bmatrix} v_{12}(t) \\ f_a(t) \end{bmatrix}$$

回転運動（モビリティ類推）：r の単位は〔rad/(s・N・m)〕

$$\begin{bmatrix} \omega_{34}(t) \\ \tau_b(t) \end{bmatrix} = \begin{bmatrix} 0 & r \\ \dfrac{1}{r} & 0 \end{bmatrix} \begin{bmatrix} \omega_{12}(t) \\ \tau_a(t) \end{bmatrix}$$

流体系：r の単位は〔N/m^5〕

$$\begin{bmatrix} p_{34}(t) \\ q_b(t) \end{bmatrix} = \begin{bmatrix} 0 & r \\ \dfrac{1}{r} & 0 \end{bmatrix} \begin{bmatrix} p_{12}(t) \\ q_a(t) \end{bmatrix}$$

【6】 （a） **解答図 3.6** 参照。

（b） $e = R_a i + e_a$ に加え，$n = \dfrac{N_a}{N_b K_m}$ を定義すれば

$$\begin{bmatrix} \omega_1 \\ \tau \end{bmatrix} = \begin{bmatrix} n & 0 \\ 0 & \dfrac{1}{n} \end{bmatrix} \begin{bmatrix} e_a \\ i \end{bmatrix}$$

であり，さらに

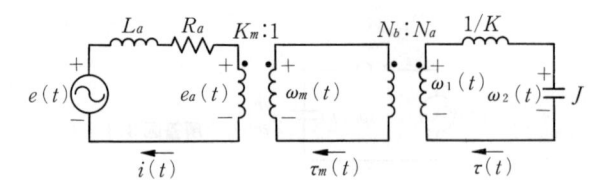

解答図 3.6

$$J\frac{d}{dt}\omega_2 = \tau, \quad \frac{1}{K}\frac{d}{dt}\tau = \omega_1 - \omega_2$$

が成り立つ. これらから, e_a, i, ω_1 を消去すれば, 状態変数ベクトル $x = [\omega_2 \ \tau]^T$ として, 状態方程式

$$\dot{x}(t) = \begin{bmatrix} 0 & \dfrac{1}{J} \\ -K & -n^2 K R_a \end{bmatrix} x(t) + \begin{bmatrix} 0 \\ nK \end{bmatrix} e(t)$$

を得る.

第 4 章

【1】 $\theta = x_1$, $\dot{\theta} = x_2$ とおくと

$$\begin{cases} \dot{x}_1 = x_2 \\ \dot{x}_2 = -\dfrac{g}{l}\sin x_1 \end{cases}$$

となる. 平衡点 $x_1 = x_2 = 0$ についての安定性を調べる.

$$V(x) = \left(\frac{g}{l}\right)(1 - \cos x_1) + \frac{1}{2}x_2^2$$

とすると $V(x)$ は正定関数となる.

$$\dot{V}(x) = \frac{g}{l}\dot{x}_1 \sin x_1 + x_2 \dot{x}_2 = 0$$

ゆえに原点は安定な平衡点である.

【2】 $V(x) = ax_1^2 + bx_2^2 + cx_3^2$ とする.

$$\frac{1}{2}\dot{V}(x) = ax_1\dot{x}_1 + bx_2\dot{x}_2 + cx_3\dot{x}_3$$
$$= (a - b + c)x_1 x_2 x_3 + (b - 2a)x_1 x_2$$

より $b = 2a$, $b = a + c$, すなわち $b = 2a$, $c = a$
とすれば $\dot{V} = 0$ となり, 原点が安定な平衡点であることを示すことができる.

【3】 $V(x) = \dfrac{1}{2}(x_1^2 + x_2^2)$ とする.

$$\dot{V}(x) = x_1\dot{x}_1 + x_2\dot{x}_2 = -x_1^2(1 + x_2) - x_2^2(1 + x_1)$$

だから $|x_1| < 1$, $|x_2| < 1$ ならば $x_1 = x_2 \neq 0$ のとき $\dot{V}(x) < 0$, ゆえに原点は漸近安定な平衡点となる.

【4】
$$A = \frac{\partial f}{\partial x}\bigg|_{x=0} = \begin{bmatrix} 0 & -1 \\ 1 & -1 \end{bmatrix}$$
で A は安定な行列となるから，原点は漸近安定な平衡点である。

【5】ばね・ダンパ系をシステム H_1，σ を入力，η を出力とするシステム $\eta = K\sigma$ をシステム H_2 とする。H_1 は式 (4.90) で示したように受動システムである。K を正の定数とすると

$$\begin{aligned}\langle \eta, \sigma \rangle_T &= \int_0^T \eta(t)\sigma(t)dt \\ &= K\int_0^T \sigma^2(t)\,dt \\ &= K\|\sigma_T\|_2^2\end{aligned}$$

および

$$\int_0^T (K\sigma)^2 dt = K^2 \|\sigma_T\|_2^2$$

から，H_2 は強受動となり，H_1 が受動システムであるから，受動定理によってフィードバックシステムは L_2 安定となる。

第5章

【1】
$$\begin{bmatrix} 0 & 1 \\ 0 & 0 \end{bmatrix} \cdot \begin{bmatrix} \dot{x}_1 \\ \dot{x}_2 \end{bmatrix} = \begin{bmatrix} 1 & 0 \\ r & 1 \end{bmatrix} \cdot \begin{bmatrix} x_1 \\ x_2 \end{bmatrix}$$

$$sE - A = \begin{bmatrix} -1 & s \\ -r & -1 \end{bmatrix}, \quad \det[sE - A] = 1 + rs$$

だから，$\deg \det[sE - A] = 1 = \operatorname{rank} E$
となり，インパルスモードをもたない。

【2】$\det[sE - A] = 0$ だから，ペンシルはレギュラではない．このとき方程式は

$$\begin{cases} \dot{x}_2 = x_3 \\ 0 = x_1 \end{cases}$$

だから，x_3 は任意である。

【3】
$$\begin{cases} \dot{x}_1 = x_2 + x_3 \\ \dot{x}_2 = -x_1 - 2x_2 + x_3 \\ \mu \dot{x}_3 = x_2 - x_3 \end{cases}$$

より Σ_s は

$$\begin{cases} \dot{x}_1 = 2x_2 \\ \dot{x}_2 = -x_1 - x_2 \end{cases}$$

となり，安定．Σ_f も安定となるので，もとのシステムは十分小さな μ に対し安定となる．

第6章

【1】 傾きを θ とすると，厳密な方程式は
$$ml^2\ddot{\theta} + mgl\sin\theta = 0$$
である．この式で $\sin\theta$ を
$$\sin\theta = \theta - \theta^3/6$$
で近似すれば，方程式は
$$\ddot{\theta} + \frac{g}{l}\theta - \frac{g}{6l}\theta^3 = 0$$
となる．これは式(6.4)と数学的に同じ方程式である．

【2】 方程式 $ml^2\ddot{\theta} + mgl\sin\theta = 0$ から周期を求めることはむずかしい．ここでは前問の近似式をもとにして，本文と同じように扱うと，振幅 θ_0 で振動するとき，角振動数 ω は
$$\omega = \sqrt{\frac{g}{l}}\left(1 - \frac{1}{16}\theta_0^2\right)$$
となる．したがって，周期 T は
$$T = 2\pi\sqrt{\frac{l}{g}}\left(1 + \frac{1}{16}\theta_0^2\right)$$

【3】 式(6.33), (6.34)によって問題の方程式を y の式に変換すると
$$\ddot{y} + \omega_0^2 y + 2\varepsilon\zeta(\dot{y} - \omega Q\sin\omega t)$$
$$+ \varepsilon\alpha(y + Q\cos\omega t)^2 + \varepsilon\beta(y + Q\cos\omega t)^3 = 0$$
となる．解を
$$y = a\cos\left(\frac{1}{2}\omega t + \phi\right), \quad \dot{y} = -\frac{1}{2}\omega a\sin\left(\frac{1}{2}\omega t + \phi\right)$$
とおく．平均法の手順に従うと
$$\omega\dot{a} = -\frac{1}{2}\varepsilon\zeta\omega a + \varepsilon\alpha aQ\sin 2\phi$$
$$\omega a\dot{\phi} = \left(\omega_0^2 - \frac{1}{4}\omega^2\right)a + \varepsilon\alpha aQ\cos 2\phi + \frac{3}{4}\varepsilon\beta(a^3 + 2aQ^2)$$
を得る．パラメータが適当な値をとるとき，定常状態で $a \neq 0$ となる a, ϕ を得る．

【4】 解を
$$x = a\cos(\omega_0 t + \phi), \quad \dot{x} = -\omega a\sin(\omega_0 t + \phi)$$
とおき，平均法を適用すると
$$\dot{a} = \frac{\varepsilon a}{2}\left(1 - \frac{1}{4}\omega_0^2 a^2\right)$$
$$\dot{\phi} = 0$$
を得る．したがって，解は

$$x = \frac{a_0 e^{\varepsilon t/2}}{\omega_0 \sqrt{1 + (a_0{}^2/4)(e^{\varepsilon t} - 1)}} \cos \omega_0 t$$

第7章

【1】 図 7.12(a)のブロック線図は**解答図 7.1**のように順次簡単化できる。

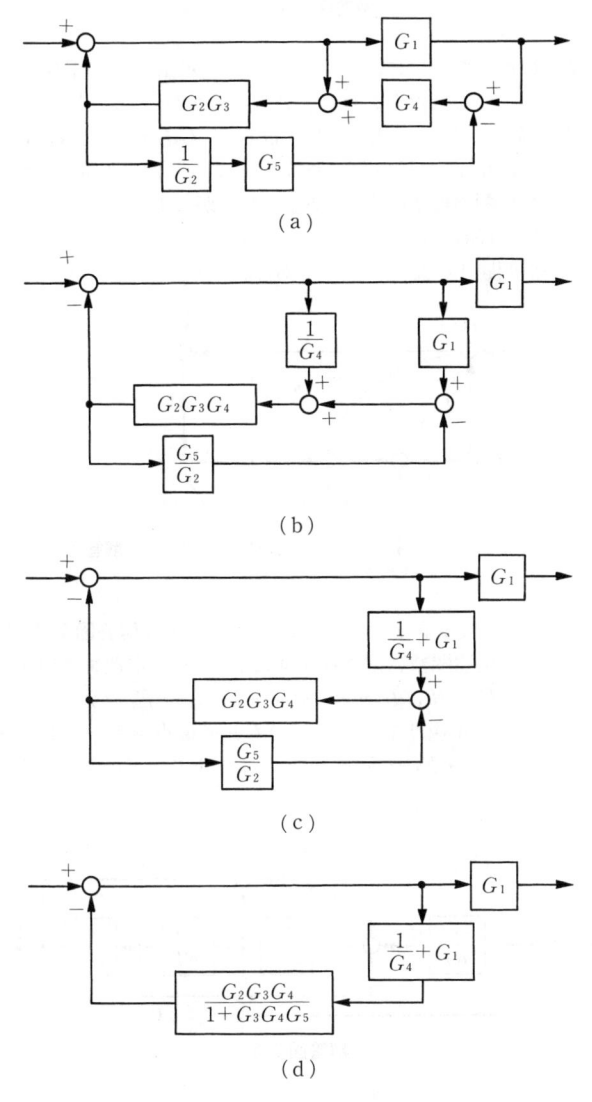

解答図 7.1 (a)〜(d)

$$\frac{G_1+G_1G_3G_4G_5}{1+G_3G_4G_5+G_2G_3(1+G_1G_4)}$$

(e)

解答図 7.1 (e)

【2】 **解答図 7.2** に示したように，シグナルフロー線図は三つの閉路をもつ．また，これらのどの二つも接点を共有している．したがって，Mason の定理より
分母 $= 1 - T_{L1} - T_{L2} - T_{L3} = 1 + G_2G_3 + G_3G_4G_5 + G_1G_2G_3G_4$
となる．また，R から Y への経路は $R \to U \to Y$ の 1 本だけで，これと共通接点をもたない閉路は L_2 だけである．したがって
分子 $= G_1(1 + G_3G_4G_5)$
を得る．当然問題 1 の結果と同じである．

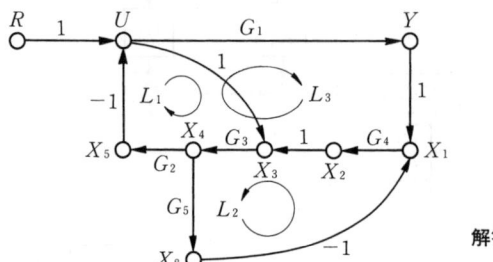

解答図 7.2

【3】 ブロック線図およびシグナルフロー線図はそれぞれ**解答図 7.3**，**解答図 7.4** に示したとおり．伝達関数は解答図 7.4 に Mason の定理を適用すればよい．閉路は $I_1 \to I_4 \to E_4 \to I_1$，$I_4 \to E_4 \to I_2 \to I_4$，$I_4 \to E_4 \to I_3 \to I_4$，$I_4 \to E_4 \to I_2 \to V_0 \to I_3 \to I_4$ の 4 通りで，どの二つも共通接点をもつ．V_i から V_0 への経路は $V_i \to I_1 \to I_4 \to E_4 \to I_2 \to V_0$ の 1 本があり，どの閉路とも共通接点をもつ．伝達関数は

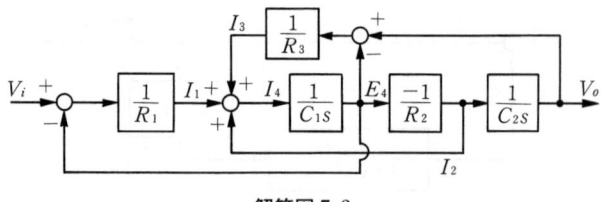

解答図 7.3

演 習 問 題 の 解 答　　*191*

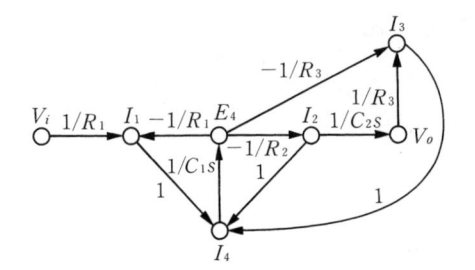

解答図 7.4

$$\frac{\dfrac{-1}{R_1 R_2 C_1 C_2}}{s^2 + \left(\dfrac{1}{R_1 C_1} + \dfrac{1}{R_2 C_1} + \dfrac{1}{R_3 C_1}\right)s + \dfrac{1}{R_2 R_3 C_1 C_2}}$$

となる。

第 8 章

【1】 解答図 8.1 参照。

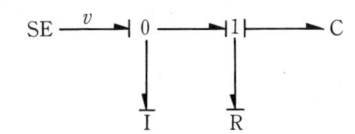

解答図 8.1

【2】 (i), (ii)　解答図 8.2 参照。

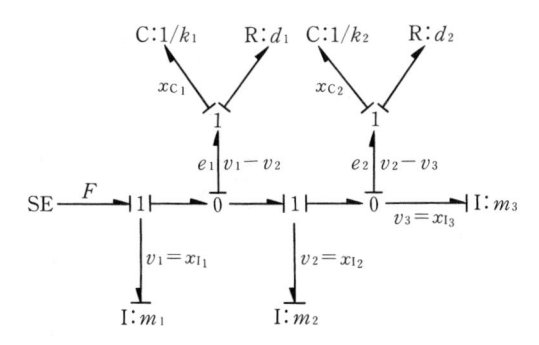

解答図 8.2

(iii)　解答図 8.2 に示したように，状態変数として I 要素の出力であるフロー変数 x_{I1}, x_{I2}, x_{I3} と C 要素の出力であるエフォート変数 x_{C1}, x_{C2} を選ぶ。さらにエフォート e_1, e_2 を図のように決めると，2 慣性系の場合と同様にして以下の関係式を得ることができる。

$$e_1 = x_{C1} + d_1(x_{I1} - x_{I2})$$

$$e_2 = x_{C2} + d_2(x_{12} - x_{13})$$
$$\dot{x}_{11} = \frac{1}{m_1}(F - e_1)$$
$$\dot{x}_{12} = \frac{1}{m_2}(e_1 - e_2)$$
$$\dot{x}_{13} = \frac{1}{m_3}e_2$$
$$\dot{x}_{C1} = k_1(x_{11} - x_{12})$$
$$\dot{x}_{C2} = k_2(x_{12} - x_{13})$$

よって，状態ベクトルを $x = [x_{11} \quad x_{12} \quad x_{13} \quad x_{C1} \quad x_{C2}]^T$ と置いて整理すると

$$\dot{x} = \begin{bmatrix} -\dfrac{d_1}{m_1} & \dfrac{d_1}{m_1} & 0 & \dfrac{1}{m_1} & 0 \\ \dfrac{d_1}{m_2} & -\dfrac{d_1 + d_2}{m_2} & \dfrac{d_2}{m_2} & \dfrac{1}{m_2} & -\dfrac{1}{m_2} \\ 0 & \dfrac{d_2}{m_3} & -\dfrac{d_2}{m_3} & 0 & \dfrac{1}{m_3} \\ k_1 & -k_1 & 0 & 0 & 0 \\ 0 & k_2 & -k_2 & 0 & 0 \end{bmatrix} x + \begin{bmatrix} \dfrac{1}{m_1} \\ 0 \\ 0 \\ 0 \\ 0 \end{bmatrix} F$$

となる。

(iv), (v)は省略。

索引

【あ】

アトラクター	144
安定性	63

【い】

位相軌跡	142
位相平面	142
1接点	166
イナーシャ	45
因果性	7
因果的	13
インダクタ	40
インパルス応答行列	17
インパルスモード	95
インピーダンス類推	53

【え】

エネルギー損失要素	42
エネルギー蓄積要素	42
エフォート	52
エフォート源	165

【お】

横断変数	51
応答関数	21

【か】

回転ダンパ	46
回転ばね	46
カオス振動	141
可観測	31
拡大信号空間	12
可制御	31
可制御部分空間	31

【き】

幾何学的非線形性	109
基準座標	127
キャパシタ	40
吸引的	64
吸引領域	69
境界層システム	98
強受動的	85
共振	117
共振曲線	117
強制振動	116
行列指数関数	74

【く】

グラフデターミナント	160

【け】

係数励振振動	136
経路	157
結合共振	132
決定論的	142

【こ】

固有角振動数	112
固有値	74

【さ】

最小実現	34
材料非線形性	109
サブシステム	3

【し】

シグナルフロー線図	152
指数モード	94
システム	1
自然な因果関係	169
実現	34
シフト写像	10
時不変	14, 22
ジャイレータ GY	168
自由振動	111
主共振	122
出力	2
出力方程式	20
受動定理	87
受動的	85
状態推移写像	21
状態遷移行列	25
状態変数	20
状態方程式	20
自励振動	133
シンク	155
信号空間	10
振幅依存性	115

【す】

ストレンジアトラクター	145
ストローク	169
スモールゲイン定理	84

【せ】

正定関数	64
静的	13
静特性	4
零状態応答	26
0接点	166
零入力応答	26
漸近安定性	63

線　形	13, 22	
線形近似システム	78	
線形システム	18, 22	
線形時不変システム	18, 22	
線形時変システム	18, 22	
線形動的システム	7	

【そ】

相似変換	30
ソース	155

【た】

大域的漸近安定性	70
退化システム	98
たたみ込み積分	18
ダンパ	44

【ち】

跳躍現象	121
調和共振	119

【つ】

通過変数	51

【て】

抵抗器	41
定常振動	117
ディスクリプタシステム	91
ディスクリプタ変数	91
伝達関数行列	28

【と】

等価電気回路	57
動　的	13
動特性	5
特異摂動システム	98
トランケーション写像	10

トランスフォーマ TF	168

【に】

入出力安定	80
入出力写像	13
入　力	2

【ね】

熱キャパシタ	50
熱抵抗器	50

【の】

ノルム信号空間	11

【は】

ば　ね	43
パラメータ振動	136

【ひ】

非線形減衰力	110
非線形動的システム	6

【ふ】

ファンデアポールの方程式	134
不可観測部分空間	31
副共振	122
フロー	52
フロー源	165
ブロック線図	147
分数調波共振	125

【へ】

平均法	113
平衡点	62
閉　路	157

【ほ】

ポアンカレ写像	144
ボンド	164
ボンドグラフ	162

【ま】

マ　ス	43

【も】

モデリング	8
モビリティ類推	53

【ゆ】

有限ゲイン	82

【ら】

ラ・サールの不変定理	73
ラプラス変換	27

【り】

リアプノフ安定	63
リアプノフ関数	68
リアプノフの間接法	78
リアプノフの直接法	78
リアプノフ方程式	77
理想ジャイレータ	55
理想変成器	54
流体インダクタ	48
流体キャパシタ	47
流体抵抗器	48
履歴現象	121

【れ】

レギュラペンシル	94
レーレーの方程式	133

【A】

attractive	64
A 型	52

【C】

C 素子	53, 164

【D】

domain of attraction	69
dynamics	5

索引

【G】
globally asymptotic stability　70
graph determinant　160

【I】
I 素子　53, 164

【L】
LaSalle　73
linear dynamical system　7
loop　157

【M】
Mason の定理　159
modeling　8

【N】
nonlinear dynamical system　6

【P】
path　157

【R】
R 素子　53, 164

【S】
sink　155
statics　4
stroke　169
system　1

【T】
Tikhonov の定理　101
T 型　52

── 著者略歴 ──

鈴木正之（すずき　まさゆき）
1964 年　新潟大学理学部物理学科卒業
1969 年　名古屋大学大学院工学研究科博士課程修了（応用物理学専攻）
1969 年　名古屋大学助手
1971 年　工学博士（名古屋大学）
1977 年　名古屋大学講師
1991 年　名古屋大学教授
　　　　現在に至る

早川義一（はやかわ　よしかず）
1974 年　名古屋大学工学部機械学科卒業
1979 年　名古屋大学大学院工学研究科博士課程修了（情報工学専攻）
1982 年　工学博士（名古屋大学）
1990 年　名古屋大学助教授
1996 年　名古屋大学教授
　　　　現在に至る

安田仁彦（やすだ　きみひこ）
1963 年　名古屋大学工学部機械学科卒業
1968 年　名古屋大学大学院工学研究科博士課程修了（機械工学専攻）
　　　　工学博士（名古屋大学）
1968 年　名古屋大学助手
1970 年　名古屋大学講師
1976 年　名古屋大学助教授
1985 年　名古屋大学教授
　　　　現在に至る

細江繁幸（ほそえ　しげゆき）
1965 年　名古屋大学工学部金属学科卒業
1967 年　名古屋大学大学院前期課程修了（金属工学専攻）
1973 年　工学博士（名古屋大学）
1974 年　名古屋大学講師
1976 年　名古屋大学助教授
1988 年　名古屋大学教授
　　　　現在に至る

動的システム論

Dynamical System Theory

© Masayuki Suzuki, Yoshikazu Hayakawa,
　Kimihiko Yasuda, Shigeyuki Hosoe 2000

2000 年 10 月 20 日　初版第 1 刷発行

　　　　　　　　　　　　検印省略

著者　鈴　木　正　之
　　　　名古屋市天白区原 5-1501
　　　　アトレ原 201
　　　早　川　義　一
　　　　名古屋市守山区守山西町 20
　　　安　田　仁　彦
　　　　名古屋市昭和区広路町 6-58-2
　　　細　江　繁　幸
　　　　名古屋市千種区元古川 1-701
　　　　大幸荘 5-201
発行者　株式会社　コ　ロ　ナ　社
代表者　牛　来　英　巳
印刷所　北光春印刷株式会社

112-0011　東京都文京区千石 4-46-10

発行所　株式会社　コ　ロ　ナ　社
CORONA PUBLISHING CO., LTD.
Tokyo Japan
振替 00140-8-14844・電話 (03)3941-3131(代)
ホームページ　http://www.coronasha.co.jp

（製本：愛千製本所） （松田）

ISBN 4-339-04403-2
Printed in Japan

落丁・乱丁本はお取替えいたします

無断複写・転載を禁ずる

メカトロニクス教科書シリーズ

(各巻A5判)

■編集委員長 舟田仁志
■編集委員 末松良一・須田宇宙・恩沢寿二
　　　　　藤本英雄・武藤高義

既刊			
1. (4回) メカトロニクスのための電子回路基礎	所 純昭 因 著	264	3200円
2. (3回) メカトロニクスのための制御工学	恩沢 寿二 著	252	3000円
3. (1回) アクチュエータの機構と制御	武藤 高義 著	180	2300円
4. (2回) センシング工学	新井 民夫 著	180	2200円
5. (7回) CADとCAE	安田 仁彦 著	202	2700円
6. (5回) コンピュータ統合生産システム	藤本 英雄 著	228	2800円
8. (6回) ロボット工学	遠山 茂樹 著	168	2400円
9. (11回) 画像処理工学	末松・宮崎・山田 共著	238	3000円
10. (9回) 超精密加工学	大井 孝喜 著	230	3000円
11. (8回) 計測と信号処理	鳥居孝夫 著	186	2300円
14. (10回) 動的システム論	鈴木・正木・2他共著	208	2700円
16. (12回) メカトロニクスのための電磁気学入門	新 穂	著	近刊

以下 続刊

7. 材料とプロセス工学 熊谷光正 著	12. 人工知能工学 名倉·鈴木共著	
13. 光エレクトロニクス 羽鳥一博 著	15. メカトロニクスのためのドライバ・エンジン 田中・川又他共著	

◆図書目録進呈 ━━━━━━━━━━

定価は本体価格+税です。
定価は変更されることがありますのでご了承下さい。